The good old days...

were gone…
Here I am,

still trying to figure out...

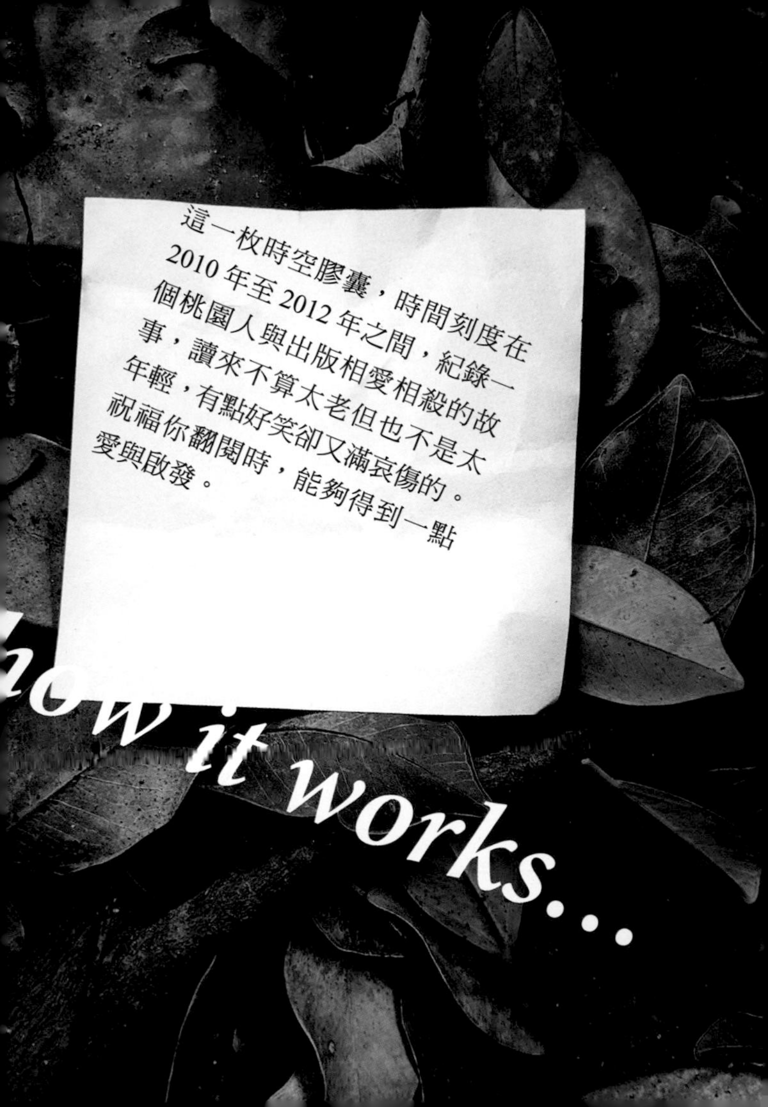
這一枚時空膠囊，時間刻度在
2010 年至 2012 年之間，紀錄一
個桃園人與出版相愛相殺的故
事，讀來不算太老但也不是太
年輕，有點好笑卻又滿哀傷的。
祝福你翻閱時，能夠得到一點
愛與啟發。
ow it works...

給三十歲的陳夏民

初版1刷　2012年11月
二版1刷　2022年 9月

460 pages 10.5 × 14.5 cm
ISBN 978-626-95486-0-6

飛踢，醜哭，白鼻毛

第一次開出版社就大賣（騙你的）

新版前言

十年過後，你變成大人了嗎？

不知道為什麼，無法抵抗「十周年」這三個字，只要看到某某作品有十周年的新版，就算當初版本不是我的菜，也有很高機率出發買下。或許是下意識萌生的想法：如果一件物事過了十年，仍然有人需要、期待改版，或許就是被需要的，更有機會朝著經典二字前進——而我踩雷的機率應該不會太高。

才怪。本來不喜歡的，在時光沈澱之下，雷有很高機率還是雷，甚至可能進化成超雷。依附於商業機制的安全感，沒有趨吉避凶的效果，這些年下來，我已經砰嘎砰嘎被雷到升天數百次，雖然不是太開心，但也促進金流循環，為經濟繁榮盡了國民義務吧。

直到有一天，我忽然意識到，《飛踢，醜哭，白鼻毛：第一次開出版社就大賣 騙你的》出版即將十周年，「唉呀，終於輪到我出十周年版來炸別人了嗎？」這本書絕版多年，經常在出版課程或是文章中被提起或是推薦，我也經常收到信件，詢問我哪裡仍能購買。既然持續有需求，或許也算是擁有繼續存在的入場券了（吧）。

「好！重新編排撰寫！讓一本更符合時代的《踢哭毛》（這是首版編輯玩具刀給的縮語，沒想到十年前他就走在流行尖端了）誕生吧！」

我重新閱讀這本書，以為會充滿幹勁，不料讀完之後滿難過的。

因為，嗯，十年前的陳夏民真的非常幽默，根本是當年出版界第二幽默的人。回頭照照鏡子，天啊啊啊啊，時間到底在我身上造了什麼孽！我怎麼會變成一個無聊的大人，沒事只想待在家裡打電動，不過看到《集合吧，動物森友會》小動物寫信給我，還會鼻頭一酸忽然想要哭出來（你後來到底過得多滄桑啊你說說看）！

第一種難過是很私人的回望，多數人都懂，但更深的難過，是我發現台灣出版業雖然有很多新的傳播或是銷售手法，但骨子裡的問題依舊存在，沒有太大改變。而許多書籍零售議題在長久討論卻始終不見改善的狀況之下，也失去了熱度，甚至讓一般讀者在內心生出了「哎唷又來了」的煩躁感。而我直到十年後，也經常被問到：「面對電子書的挑戰，紙本書如何因應？」

這種難過（n.）還滿難過（v.）的，不過我是創作者也是創業者，該做的就是好好寫書，好好出版，讓這些分身代替我在市場上傳遞理念。於是，我打包感性，啟動「文以載道」的理性腦，先是細讀過原書幾次，標記起來、打算刪除或是重新書寫的段落超過三分之一，甚至也想過用新增吐槽的方式去回應書中那些我如今認為「太天真了」的內容。

改寫到一半，我有了殘酷的領悟，深受打擊而沒辦法動筆。舉凡出版觀、行銷手法等，過去的我被批評得一無是處。就算為了緩和氣氛，用了吐槽的口吻，讀起來反而更讓人討厭。

十年後，我變成當年最討厭的老人，專長就是抹滅年輕人的熱情。

才十年功夫，為什麼心態已經蒼老了？很討厭這種理由，但真的發生了不少事情啊啊啊，雖然已經忘記細節（感謝時間的慈悲），留在內心深處的皺摺或是微小割痕，都會在每次下決定的時候讓人心生質疑，擔心多做多錯招惹麻煩，迫切渴求不要踩雷的終極手法。於是，就慢慢生出了硬殼且自願包覆其中，一方面覺得安全了，卻又不平衡，埋怨為什麼失去了挑戰未知的勇氣。

我關掉電腦檔案，放下「成熟」的視角，重新拿出《踢哭毛》翻閱，「以前真的好嫩啊啊啊啊。」細細看著照片，有種多年後參加同學會，卻被逼著一起打開時空膠囊檢視其中物品的尷尬感受，但那些如今看來有點土味、或是如今看來太美好但我早失去了的，都是我。我也發現，交友圈的臉孔或許換了一輪，還是有許多人支持著逗點；甚至在〈終究還是媽寶一個〉那篇頁面下方，發現我媽樸拙的筆跡，上面寫著「夏民加油」。

「那就這樣吧。不改了。」

原本想透過改版，證明我在歲月淘洗之下變得稍微厲害了——創業十二年來，我與逗點真的都有很多收穫，也得到了讀者與同業滿滿的愛——不過，事實是我在這一段旅程當中失去了更多。在實踐夢想的路上被現實傷得很深，以為只要咬牙忍痛就是長大，能夠重新與《踢哭毛》中的自己相逢，看著以為可以用書飛踢這個世界的天真的我，看著光是發現一根白鼻毛就大驚小怪的三十歲的我（那種白……那種白可是會持續擴散的啊啊啊啊該死），憶起早已忘記的美好與潛能，此時的我太幸福了。

雖然在名喚「變成大人」的路上，我懂得更多人情世故運作的規則與潛規則，但這不表示一個人得為迎合外界眼光與標準而割捨掉最珍貴的自我。我終究是任性的出版人，抹滅掉任性，逗點這一家一人出版社（是的，現在逗點只有我）也就全然無趣了。能夠成熟，同時保有叛逆，或許是未來十年我最重要的人生課題吧。

謝謝這一枚時空膠囊，謝謝當年的陳夏民，讓我找回初心。

如果你十年前曾與《踢哭毛》相逢，我誠摯邀請你打開這一枚時空膠囊，找尋當年的記憶痕跡。如果你是新讀者，也希望這一枚時空膠囊，能夠向你展現二零一零年到二零一二年之間，台灣獨立出版的歷史風景。

無論如何，都希望能夠透過這一本書讓你知曉，當年有個熱血笨蛋以為可以飛踢這個世界，不料一直踢到鐵板，一直醜哭，還長出了白鼻毛。不過，直到此時此刻，那個人仍然沒有放棄，他得到很多朋友的奧援，也有讀者持續以實際行動支持他的出版社，讓他到現在都還在飛踢喔。

所以請你不要放棄。如果可以，不一定要變成外界認可的大人，能夠稍微任性地活著，也是一種祝福吧。當然，這也是我對自己的喊話。夏民，加油。

自序

我用出版對抗世界，你呢？

地球本來是方的，言論本來是不自由的，女性是沒有投票權的……這一些如今看來可笑的事情本來都是根深蒂固的「常識」，也因為有人選擇站在世界的對立面，這個世界才有改變的可能。

或許出於叛逆或是對於理想的嚮往，許多人用自己獨一無二卻又帶點平凡興味的技藝或個性，來面對這個亦敵亦友的世界，有些人用音樂，有些人用廚藝，有些人用美麗的衣服，而我，則是出版。

出版形塑了我現在（與未來）的模樣，也讓我得以宣告自己身而為人的態度與思考，可能有些莽撞或帶點自私，但這是我這輩子最大的夢想，無論如何我都想繼續下去，不願停下來。

兩年前（2010），逗點文創結社在緊張之中開始營運了。對我而言，逗點並不只是一個出版社，而是一個把「創作者」加進來的實驗計畫，透過一本書的出版，讓作者、設計師、編輯，甚至是藝術工作者、老師、樂團等有夢想的人，一起擦出不同的火花，其中也許會生出更多的點子，也有可能會失敗，沒有人說得準。

這一個實驗計畫沒有具體的進行時間，只有預定的出版目標：一百本書。

所有投注的努力，都是為了迎接第一百本書的誕生，就像是李小龍在《精武門》的精采演出都是為了成就最後那五秒鐘凌空飛踢的畫面。先前的汗水、淚水、熱血並未白流，只是在時間催化之下昇華成戲劇性的最高潮，並且在定格的瞬間凝為一個有機的，被人稱為「經典」的整體。

這一百本書之間隱約帶著神祕的關聯，或許大部分反映了我個人的偏好、焦慮，甚至惡趣味，然而因為閱讀沒有句點，我們總是在這一本書找到下一本書的線索，偶爾撲空受傷卻能找到另一條更好的路徑。此外，當每一本書都指向旅途的終點，你就無法略過其中任何一本：暢銷的、非暢銷的，好看的、艱澀的，藝術性高的、大眾的，這些過程你都得走過。

這一百本書都是我的孩子，儘管現在只出生三十多本[1]，但我在每一本書出生之前便與他們相愛了，更不可能讓一本書被排除在逗點的小宇宙之外，變成孤兒。

一百看似很多，卻也很少，有些出版社一年出書量便大於一百本，但對一個曾經兩人如今一人的出版社而言，想在供過於求的台灣書市完成這個夢想，似乎有點困難。

不過，沒有道理別人能夠生存，自己卻只能早早退出。

無論如何，我都想多撐一點，就算是只有幾個月或是幾天也無妨，就讓我抵達這一百本書的目標吧！在這一段路途之中，我想順道探究自己的極限，可能是金錢上的，或是肉體上的，但更大成分是精神上的。

兩年來，因為和太多美好的人產生化學變化，逗點變得更勇敢、更堅強、更有能力幫助他人。我們拆掉書店舉辦戲劇活動、前進台北國際書展、為詩集拍攝影像（今年最夯的說法是微電影）、出版了好幾本很酷的書，甚至還做出了第一個跨出版社合作的出版計畫！而在我們看不見的角落，可能有人因為逗點的書而獲得一段美好的閱讀時光，或許也因此多了一點勇氣，並開始相信自己有一點點的能力去改變什麼⋯⋯

如此渺小的我和逗點，能夠因為眾人的善意與鼓舞而走到了這個階段。這可是兩年前的我所不敢想像的。

現在，逗點還是小小的，參與其中的我們偶爾醜哭、喪氣，但大部分時間總是用力往前衝，更重要的是：我們很快樂。就算沒有辦法變成大型出版集團也沒關係，一直是一人出版社也沒問題，只要逗點能從容地撐下去，說不定就能帶給其他比我更年輕、更有潛力讓世界更美好的人一些鼓舞。

如果不會太失禮，我真想告訴你：「你知道嗎？朝夢想前進的過程很辛苦喔，有時候會累到長出白色的鼻毛，甚至有可能墜入心靈黑洞再也爬不出來。不過我們不要輸給這個世界！把你的手交給我，我們一起飛踢！」

我忽然想起李小龍在《精武門》最後一幕凌身飛踢的瞬間，

銀幕下的我們早已分不清楚那是李小龍還是陳真，因為所有的虛構、現實、國仇、家恨在這灌注了最純粹生命能量的飛踢之前都要定格。當故事戛然而止，沒有人知道陳真是否擊潰了什麼，但是深藏於我們幽微內心之中的希望與熱血，早已隨著那一踢抵達了比冥王星更遠更遠的，名喚「夢想」的地方。

▲註1：《飛踢、醜哭、白鼻毛（啾咪文庫本）》為逗點第一百二十本出版品。當初以為要出完一百本書可能要花上很久很久的時間，不料，十二年過去就達標了。雖然其中包含少量發行的 zine 和諸多改版書，但一個超迷你出版社能夠出版這樣多的書，也真的是不簡單啊！未來，出版數字不是重點了，更重要的是做得開心。未來，逗點只想要出版對我而言有趣一百分的作品！

目　次

目次

目　次

第三章：對談

第四章：附錄

第一章

第一次開出版社就大賣——騙你的

踏上獨立出版這條路

大學畢業之前，我都以為自己會成為一位英文老師，直到上了東華創英所，嚴肅面對創作這一件事情後，便埋下了從教育界叛逃的種子。我確定教英文是我這輩子最強的技能，我也喜歡教書，這絕對是最理想的職業，但心裡面始終懷抱著出版的夢想。每天每夜這樣的掙扎都要上演，尤其在印尼教書的尾聲，面對留下來教英文還是回台灣工作的分岔路，更是天人交戰彷彿有千萬隻小天使、小惡魔在我耳邊嘀咕不休——超煩的。

最後，我告訴自己：「後悔了再說。」生涯計畫就此轉了方向，經過幾次與104人力銀行的交戰，以及無數次投遞履歷卻撲空之後，我都覺得自己一步踏錯步步錯，人生從此無望該不會變成拾荒的人吧怎麼辦我很容易中暑又沒啥力氣一定會很慘的死定了我……就在負面情緒排山倒海之際，某天晚上，意外發現某些跑進信箱的垃圾郵件好笑到令我覺得有點羞恥卻又怦然心動，無所事事又無聊的我，決定看看電子信箱的垃圾郵件是否藏了其他好笑的垃圾信，才發現有一封面試邀請信躺在那兒（SPAM真的是龍蛇雜處耶），恰好又來自每個英文系學生應該都會嚮往的書林出版有限公司，後略。

謝天謝地，我上了！

夢想從事編輯工作，與真的從事編輯工作，兩者之間有很大的落差。先前以為只要乖乖做書就好，不需要管其他的事情，但一本書的企劃過程，還有與作者、工作夥伴、上司的溝通狀況，全都環環相扣。如果說作者是負責生育作品的媽媽，那麼編輯便是負責養育作品的後母了，一本書的輪廓幾乎都是透過編輯的雙手催生出來的，因此長相好壞、是否好讀，編輯的確得付最大的責任。

由於編輯過程是團體戰，有時得考慮作者，有時得考慮銷售，有時得考慮作品本身，在包裝、版型、定價、行銷等層面上加加減減的，沒有辦法悶著頭自己做。雖然不能盡如人意，把每一本書做成自己理想中的樣子，不過做書的過程還真是有趣啊！看著一本書從純文字檔案，慢慢添上血肉，最後長成了一本看得到摸得著的書，令人非常有成就感。

隨著編輯技藝慢慢成熟，我也摩拳擦掌，想要自己企劃幾本書[1]，去體會一本書從無中生有的樂趣。

不久，我提出了相對於前東家的原有出版品，較具有實驗性的出版企劃，我還記得其中一本暫定書名是《醫生，我要掛號》，以疾病名稱如「鬼遮眼」（咦？）、「失眠症」等，打算邀請具有醫生身分的純文學作者來寫書，先以專業角度切入病症的特徵，再用比較感性的筆觸來寫療癒系的文章，讓讀者透過文字而得到一些精神上的撫慰。誰知道在月會提案之後，便沒有下文，我大概也知道結果。

其實我自己明白，這樣的書太冒險了。一方面是公司先前沒有類似的出版品，一旦做了，勢必就得再開發類似的書系，成本是一大考量。另一方面則是文學書市場萎縮的狀況，也無法讓人忽略。站在維護公司利益的角度，我也曾有相同考量，對這樣的案子說不。畢竟公司必須向員工負責，如果一個計畫沒有辦法帶來獲利，甚至可能損害公司利潤，使不應該執行，以免害其他人喝西北風。這也是天經地義的事情。

不過，這次的發想帶來了其他影響：我開始思考出版對我的意義為何；我是否能夠從編輯這一類型的純文學書籍中，得到真正的快樂？

同時，我回想當初念東華創英所時，有多少同學懷抱著出書的夢想，但可能因為不願意參加比賽，或是個性比較羞赧沒有管道，便錯失了許多出書的機會。我清楚自己的寫作極限，我不夠強，沒有辦法寫出像陳允石的《履禮怨》或是王志元的《葬禮》那樣驚為天人的作品，更沒有那麼強的決心足以支撐自己進入孤寂的寫字練功場，每天寫字，寫字，寫字。

在他們的文字面前，我很自卑，但我知道這不是我的錯，是他們太強了啊混帳。

他們的作品需要被人看見，就算只有一個讀者也好，就這樣放著太可惜了。

雖然我沒辦法寫得像他們一樣好，但在創央所和書林的栽培之下，我慢慢地獲得一些能力，例如編輯能力、閱讀能力、組織能力、溝通能力等，從這個層面來看，我並不弱。如果我好好幹，說不定也有辦法，能讓更多人看見他們的作品——這從來都不該是我的任務，我比《火影忍者》的鹿丸還要怕麻煩，但如果更有能力的人不願意去做，那就我來吧。

「我不能讓別人負擔我的夢想成本，我要自己來，擔起所有的責任，自己來。」我在當時的筆記本上寫下這樣的句子，然後就趁著下班或是午休時間，開始進行創立出版社的計畫。

（我對天發誓，工作時間我可是非常認真啊！）

就在我提出辭呈的前幾天，我的上司小蘇（蘇恆隆）先生告訴我：「上次的提案，你就繼續發想，雖然還不確定，但我們可以試試看。」

我該怎麼辦呢？

幾天後，我還是提出辭呈。按下發送鍵的那一天，小蘇先生始終迴避我，就連我打分機過去給他想要討論工作交接，他都匆忙地回覆「我們改天再說」然後掛我電話。等到我們終於碰面詳談了，他提出了一些問題，甚至想要幫我減輕手頭上的工作，以為我吃了虧。

事實上，吃虧的是小蘇先生啊，唉呀他根本是遇到金光黨了吧這傻孩子！畢竟他花了這麼多的心力在我身上，從無到有，慢慢地教導我編輯的技巧以及（成年人）待人處事的道理，好幾次還幫我解決麻煩、收拾殘局，我竟然辜負了他的期許，還沒有得到任何資源就決定離家出走，如此魯莽像個笨蛋似的，就此踏上獨立出版這一條路……

然後，不過短短兩年的時間，感知上的時間密度彷彿已經歷了二十年，就連73.33％的鼻毛都變成白色的了。經過了這一大段路之後，偶爾我還是會想：「早知道留下來，才不會遭遇那麼多苦頭。」不過早知道我就成仙了吧。我不後悔，因為我相信我做的事情是對的，雖然現在看不見成果，但時間會給我一個交代的，會吧，會吧？我只能這樣相信，這樣告訴自己，我不敢後悔，不然，我會垮下去，就算吃再多阿鈣還是再也爬不起來。

無論如何，無路可退了，就這樣衝刺到最後一刻吧。

▲註1：開發了一本書的題材、架構之後，便依據成品方向去尋找作者撰寫稿件。

【對，取名字也是有學問的】

決定單飛之後，我每天下班便從捷運公館站沿著羅斯福路走到台電大樓站，沿路一直抬頭看著對面大樓的商業招牌，想要找到點子運用在公司命名上，但完全沒有靈感。

由於我是一個很在意氣勢的人（有可能是身高不高所帶來的陰影），總覺得公司既然小，就應該取大氣一點的名字，這樣才不會被人瞧不起。於是我開始研究要用「大」這個字，搭配其他帶有壓迫感的文字，例如「鳳」、「風」、「龍」，後來覺得有點陣頭的感覺，和我本人完全不搭。要是不曾看過我本人，只知道公司名稱，在露面後，遲早會讓人覺得我是小孩騎大車或是佯裝氣勢，嚴重一點可能還會告我說我詐欺吧。

之後，無論我走了多少次羅斯福路四段，看了多少個商店招牌，我都想不到要取什麼名字，就算繞路走進公館夜市買了青蛙撞奶和派克雞排（公館店真的好吃）吃補也沒用。後來，不知道怎麼搞的，我竟然頓悟了與其拿「大」來裝氣勢，不如一開始就讓人知道這是一家很小的公司，但這樣一來，就必須更努力打造好的書籍，才能用口碑製造名字的反差。

於是，我開始思考用「小」字搭配一些具有壓迫感的名詞，例如「宇宙」、「世界」、「磁場」等，雖然覺得很棒，但怎麼聽心裡面都有一種詭異的預感。要是我向別人介紹說：「您好，我是小宇宙出版社的編輯。」我會得到什麼回應？我猜一定會有六年級的男生問：「你是不是很喜歡《聖鬥士星矢》？我最喜歡紫龍喔，廬山昇龍霸！」（我：我也是！你不覺得星矢只是開外掛，實際上很弱嗎？）不然七年級的男男女女就會告訴我：「我也很喜歡蘇打綠耶，這是他們開的嗎？青峯真的很幽默嗎？」（我：我不認識他啊啊啊，但我有買他們的唱片。）

雖然我比對過媽媽的命名參考書，也算過「小宇宙」三個字的筆劃，都得到不錯的結果，但是因為上面的考量，還是忍痛割捨了。

過了好幾個月，我還是沒有靈感，每天都在翻字典，但都找不到合適的字詞。後來有一天晚上在看綜藝節目的時候，不知道聽到哪個連名字都記不住的通告藝人說了一句：「這樣我就要劃下句點啦！不要啊啊啊。」（大概是這樣吧，語句還原程度約63.87%。）忽然就有了靈感：既然不想劃下句點，那就要永遠是「逗點」。

「就決定是你啦，逗點！」我在內心以《寶可夢》訓練師小智的口吻大喊著，開心不已。

逗點之好，在於它除了能夠決定閱讀速度外，也是連結兩個概念、句子的標點符號，我們永遠不知道逗點之後會出現什麼樣的句子，這也是閱讀的樂趣之一。

由於想要以標點符號命名，我便開始思考是要用「逗點」還是「逗號」，後來覺得「點」這個字能夠符合「小」的意念，而且在logo設計上會比較有利，於是就決定用「逗點」了。確認命名的當下，我完全不想去翻筆劃書，也不想去問其他人的意見，覺得這樣子最好。

但是我媽媽問我：「為什麼要叫逗點而不叫句點？這樣好不正經。」

「媽，叫句點就沒了。」我無奈地說。

「然後呢？」我媽再問。

「就沒有了啊。」我好怕她再問一次。等等，為什麼逗點會比句點不正經呢？這真是大哉問啊啊。

確定叫做逗點之後，由於我內心一直想要嘗試出版之外的東西，例如影像或是音樂的合作，覺得只叫逗點出版社似乎怪怪的。結果那時電視非常流行「文創」字眼，我在耳濡目染之下，自然而然學會這兩個字，然後就決定要把文創納入。雖然現在這兩個字變成眾矢之的，但我問心無愧，畢竟我的確是發揮了不少創意啊（努力維持淡定）。後來，好友何俊穆又建議，不妨在「逗點文創」四字之後加上「結社」二字，雖然乍聽之下讓人摸不著頭緒，甚至有人以為這是八家將社團要招募團員所成立的公司，但卻符合了我心目中「交到好朋友一起玩耍努力拚命工作」的想法。

詩人王離（也是設計師王金喵，但我都叫他金毛，因為他曾經染了一頭金色頭髮）願意幫我製作logo，那時我們討論之後，決定把logo上的「點」改成「点」，去強化「點點點」的意象。不料後來出現了陸資投資台灣出版社的話題，於是真的有許多同業詢問我是否背後有著來自中國的大老闆，我只好微笑解釋逗點是獨資，沒有金主，但我歡迎中國還有世界各地的朋友來買逗點的書。

雖然少了氣勢，雖然聽起來有點不正經，無論如何，逗點文創結社成立了，以後也請多多指教。

#「為什麼出版社不能開在桃園？」

曾經有幾位讀者告訴我：「那天看完某某某的書，偶然翻到版權頁看，竟發現你們出版社是在桃園耶！！！」根據驚嘆號的數量，我判定這幾位讀者的膽有點太虛弱，怎麼那麼容易驚嚇。這或多或少也反映了一般讀者的刻板印象：「出版業應該要設立在台北。」

為什麼與文化有關的產業都得設在台北呢？

因為台北是各大通路的總部所在地，也擁有最完整的印刷服務鏈，加上台北地區的居住人口數以及書店數都是全國最高，舉辦藝文活動的頻率也最高，於情於理，都應該要把出版社開在這裡。

雖然一開始我也曾思考要把逗點設立在台北，不過考量成本之後，覺得其實也沒有必要，不如就留在桃園比較好。在桃園開出版社的好處，除了花費少之外，另一個好處便是到台北十分方便，在市中心搭火車到台北不過三十分鐘左右，只要不要誤點太嚴重，其實和從淡水到台北市中心的距離差不多。也難怪每天早上七點到九點之間，火車站總是滿滿的通勤人潮，要搭火車之前都要先唸「阿彌陀佛」，多希望上去有位子坐。

因此，無論是通路提報[1]、書店活動、和作者開會，或甚至到中永和看印刷，都不會對我造成太大的困擾。不過，每次在台北舉辦書店活動，活動結束約晚上九點多或十點，同業或是朋友們總會詢問是否到附近的咖啡店或小酒館聚聚，我都只能微笑點頭說要回桃園。這時，他們彷彿看見雨中有一隻落單小貓一樣，帶點悲嘆的口氣說：「你從桃園上來喔？好辛苦耶。」

聽到「上來」兩個字，我經常覺得尷尬，雖然在地理方向上是正確的，但就我認知，這個詞應該是要留給從台中以南要到台北的旅客們使用的，從桃園到台北其實就和淡水到台北一樣啊。

在家鄉成立出版社，似乎有一種落葉歸根的感覺，事實上也如此。

在我還沒有行動能力（也就是升大學）之前，我的活動範圍只有桃園市區，我從來不知道其他地方的樣子，甚至沒去過桃園夜市，也鮮少去內壢或是中壢玩，因此對於桃園的印象始終斑駁、蒼白。就算我的親友全都在這裡，就算我的生命經驗曾經與這個城市緊密連結了十八年，我始終覺得自己是個陌生人，壓根沒有想多了解這個城市的欲望。之後上大學，便在花蓮一連待了八年，研究所畢業後又到印尼待了一年，儘管後來在台北工作時每日通勤，但這個故鄉只是一張床，睡醒了我又到別的地方去了。

或許因此，我總是覺得自己在任何地方都格格不入。不是都說相同的語言嗎？不是都呼吸相同的空氣嗎？為什麼會找不到歸屬感呢？

之後，當我決定回到這個城市工作，也有作者或是出版朋友從台北或其他地方來到我的故鄉探訪，我才慢慢意識到我扮演著主人的角色，必須讓他們知道這個地方有什麼不一樣的，於是我帶著這些和我一樣對桃園陌生的人，一起探索桃園後站的泰國餐廳、越南餐廳、大廟後面的糕餅店、潤餅、桃園夜市等，我們用食物去了解一個城市能夠包容的文化的極限。你看，我們擁有全台灣最道地又好吃的東南亞料理喔，你看，我們的潤餅有好幾種，每一種都很好吃喔！

面對這一片土地，雖然我還有點羞怯、有點陌生，但隨著食物越吃越多，肚子越來越大，我應該越來越桃園了。

我不知道骨子裡的不定性，是否讓我再次叛變而成為其他城市的居民，但只要逗點還在這裡，我也會在這裡，每一年，逗點的尾牙都會在桃園舉辦。總有一天，這樣一個小小的出版社，也能在這片小小的土地上，迸發出驚人的、不輸給台北任何一家出版社的能量。

▲註1：向各大書店採購人員介紹下個月計畫出版的新書，好讓他們知道要下多少的量，或是否進行大型行銷操作。

「就算和別家相似度95.337%，還是得找到自己的定位」

「在別人眼裡，逗點文創結社將是什麼樣的出版社呢？」

等到工作室塵埃落定，出版社名字也決定之後，真正的煩惱才開始。

有一種說法是三十歲之前，你的臉是由父母決定的，但三十歲之後，你的臉就是由自己決定。離開前東家，然後自己創業，或多或少養成了許多習慣以及思維模式，要如何從中擷取長處，修改不適合自己的部分，也是一個很難的問題。

於是，我便開始檢查以往的工作手記，並且審視先前編輯過的每一本書，想要在裡面歸納出最適合我的工作方式，和我編輯過程中最愉快的書籍。我發現我編得最好的書是語言學習書，但最快樂的則是文學書籍，然而語言學習書的製作成本太高，現階段我無法應付，只能列為逗點茁壯後的可能路線之一。

在這個階段，我的同學和老師也決定把他們的詩稿[1]交給我出版，我分析他們的稿件特色，同時研究自己將來可能出版的稿件，慢慢歸納出逗點文創結社勢必以華文創作的純文學書籍為主。然而，市面上早已有「聯合文學」、「印刻」、「寶瓶」、「聯經」等偏文學綜合型出版社，光就詩集也有「黑眼睛」、「角立」和「唐山」等出版社，要如何走出一條獨特的路線，又不至於被瓜分，這真是一大難題。

看看他人，想想自己，我開始審視自己的閱讀習慣，這才發現我的純文學書籍閱讀量較少，平日最喜歡閱讀的東西除了日本漫畫和書籍設計等書籍之外，並沒有完整的脈絡。也就是說，我是純粹緣分型的閱讀者，不會因為他人強力推薦而決定閱讀某書，也不會因為某一本書是經典而決定去閱讀，閱讀的動機除了封面設計（我真的是視覺動物）、文案、作者背景之外，就是直覺。平日觀看的電視或電影，除了動畫、動作片、喜劇之外，就是恐怖片，回家只喜歡看八點檔鄉土劇和《康熙來了》，聽的音樂除了美式嘻哈和節奏藍調之外，幾乎都是泡泡糖音樂。

我還想到自己先前推薦電影時（尤其是恐怖片），都會被朋友嫌棄，說我品味極差。幸好後來認識了影評人但唐謨，才發現自己原來一點都不怪。

我不禁捏了一把冷汗。我的老天，這樣看來，沒那麼文藝青年的我，才剛創業卻要出最最文青的詩集，到時勢必會被其他文青出版社打趴在地上一蹶不振啊！這樣可以嗎？

等等，或許可以。

既然同樣的書稿，交給不同的人去做，就會生出不同的樣貌來，獨立出版的本質，更是完全反映了選書人的個性。那麼，一個沒那麼文青的文青出版的書，不受公司傳統包袱的影響，也沒有制式規格可循，最後應該比較容易變成一本有意思的書吧？

好！沒那麼文青的文青書籍，這就是逗點的路線！

此外，我多半抱持著「下一本書就在目前閱讀的這一本書裡」的想法，通常會因為閱讀某一本書時，發現其中提到了另一本書，或是提到某種吸引人的概念或是現象，便在閱讀完這一本書的時候，依此去找下一本書來讀。對我而言，每一次的閱讀都是新的冒險，而每一本書也沒有真正讀完的一天，因為你總是能夠在下一本書找到類似的概念，去補足前一本書的概念；無論你讀了多少本的書，你讀的其實都是同一本書，一本讀不完的書，沒有句點。

「閱讀，沒有句點」的概念，就此變成了逗點的核心概念，更變成一個貼上我個人惡趣味標籤的實驗計畫，雖然有點任性，雖然有點小家子氣，但這將是我這一輩子的閱讀痕跡，而我也將為它負責。

路線確定後，也得開始思考目標讀者群。因為逗點一開始便會推出閱讀門檻較高的詩集，假如以金字塔比喻閱讀難度，這些平日喜愛閱讀詩集的讀者，應該就是金字塔頂端的讀者。我的理想是，先鎖定金字塔頂端（前五分之一）的讀者，然後透過不同的出版品，或是比較有趣的包裝方式，設法吸引金字塔頂端往下到中段約莫三分之一的讀者。雖然我希望影響層級能更廣一些，但我不認為純文學書有辦法包裝成大眾書籍，至少目前的我能耐不夠，因此還是懷抱著可以達成的目標，再往下進行比較保險。不過事後證明，這樣的目標太過理想了，但目標要求不能降低，不然鬆懈之後，一定很難回去原有的高度。雖然辛苦點，可是一旦更接近目標一步，也就更令人欣喜吧？

總而言之，逗點就這樣和我本人綁在一塊兒了，可能有時品味好，有時品味怪，不過你永遠無法預測逗點之後會出現什麼，所以就陪著我一起閱讀，好嗎？

▲註1：也就是後來的「詩，三連發」作者群。

2014
0912

媽媽幫我在桃園大廟求了一張籤詩：「抱薪救火火增烟，燒卻三千及大千，若問營謀並出入，不如收拾莫憂煎。」

2015
0215

每天都會有同業前來寒暄
換名片時，補充一句：
「我就是看了你的白鼻毛
才決定進出版業的喔！」
我只希望不會有人就此
跌入血汗工廠（然後憤
而燒書）啊啊啊啊啊。

「每一個人都要有自己的夢幻團隊」

鹽澤實信先生在其著作《日本的出版界》提到，只要有一張書桌、一支電話，就能開設出版社。該書中文版於民國七十八年在台灣出版，距今超過二十年，但狀況沒有改變，頂多是把一支電話改成智慧型手機。

業界有許多編輯擁有十八般武藝，除了編輯專業外，還會使用各種軟體來製作書籍。開了獨立出版社之後，我雖然也想全都自己來，但是我完全不會這些軟體，也沒有時間學習，便習慣請專業的人來處理，提昇工作的效率。於是，除了列印紙稿、坐在書桌看稿子這件事情之外，其他的工作，我都會交給其他專業人士負責。

沒錯，就是一直發包出去，無論是書本製作流程前端的作者、排版、裝幀、印刷，或是後端的經銷、通路等，每一個遇到的夥伴都是自己的團隊。

小時候的我，最喜歡看日本的戰隊系列，裡面總是有五位戰士並肩作戰，當他們拿出武器合體，把怪人轟成爛泥之後，就會召喚巨大合體機器人與重新復活又巨大化的怪人再度作戰，就算再怎麼痛苦，都不會迴避戰爭。就像是《聖鬥士星矢》的紫龍自毀雙眼以突破武功境界時所說的：「戰鬥，是為了未來啊。」

我總是在腦袋裡面組織自己的口袋名單，幻想假如有一天自己是五個人裡面，站在最中間的紅色戰士，那麼我身邊的綠色、藍色、粉紅色、黃色戰士們，又會是誰？

如今開了出版社，雖然看不到張牙舞爪的巨大化怪獸，也沒有驚心動魄的爆破場面，但是多了名喚「銷售報表」及「關門大吉」這兩隻恐怖的魔物，要是沒有團隊幫忙，我一定會很慘。

沒想到人生到了三十歲，竟然真的開始組織團隊打怪了。

以傳統 RPG 遊戲的角色設定，一個有能力屠龍、毀滅魔王征服世界野心的戰士團，應該包含了扮演首領的勇者、幫忙補血的僧侶、以地圖兵器大範圍攻擊敵軍的魔導士，頂多加個力量型的戰士，就綽綽有餘了。把這樣的設定套用在出版產業或是任何產業上，勇者便是帶著信念的經營者，負責擬定策略；僧侶則是後援部隊，通常由經營者的母親或家人擔任，隨時協助因為帳單數字過高而流血不止的勇者；魔導士則是設計師與行銷企劃，他們以視覺、文字或是小贈品魅惑沿途經過的民眾，讓他們加入我們的行列；至於戰士，則是能夠協助我們在通路上有更好曝光的經銷商。其他的助力包含印刷廠、製版廠等，則算是固定的後援，也是很值得注意的隊友。

由於一開始並不能預知一起組團者的能耐，每個工作細節都要格外注意，然後一群人在工作過程中慢慢培養默契，同時觀察對方的能力，研究是否有機會能夠讓對方加入夢幻團隊的名單。其中，最重要的一個條件便是「不要耽誤對方的進度」，也因為始終為對方設想，便會更嚴格要求自己變得更強，這樣才有辦法組成一個會一直成長、進步的夢幻團隊。

我是很念舊的人，總是習慣與固定的夥伴合作，畢竟有默契之後，一切的流程都可以更加從容，同時降低工作中的意外狀況。久而久之，這些夥伴或多或少都成了逗點的基本班底，平日我們吃吃喝喝，甚至會一起討論逗點的未來何去何從。每次合作之前，我都會邀請作者、設計師、執行編輯一起聊天吃飯，一邊培養感情，另一邊則是理出一本書的方向，清掃地雷。開會結束後，我可能會和執行編輯、設計師再開一次會議，這時候就會討論如何「省錢」，務必要讓這本書在預算範圍內完工。

由於經費始終拮据，我又不願厚著臉皮跟印刷廠殺價，畢竟對方也是有員工要照顧。與其為了殺價與對方爭得臉紅耳赤，不如一開始就設定好較節省的印刷條件，要來得實際。然而，開出印刷條件、行銷規格很容易，但在降低成本的情況下還要維持相同的效果，這就是難事一樁。要設計師、執行編輯配合，更是難上加難了。我很慶幸我的這些夥伴們都發揮了日本綜藝節目《黃金傳奇》的精神，一邊幫我省錢，卻又不曾降低成品的品質，讓逗點的書、行銷配件都有一定的水準。

我常在想，逗點的每一本書都有不同的樣子，看起來幾乎沒有制式風格，放在一起的時候卻又異常和諧，或許也是一個「成功的結社」的隱喻吧。

這些工作夥伴中，最特別的當屬「逗點人二號」曾谷涵先生了。

他是我東華創英所的學弟，在學校的時候，我從來不曾和他見過面，更不用提一句話也沒有說過，完全是個陌生人。但在逗點一開始成立時，由於籌備的規模遠大於我的能力，陷入人手不足的窘境，在其他學弟妹推薦下，我便詢問谷涵是否能來逗點幫忙。

第一次見面那天，雖然有點算是面試，但他沉著穩定，後來我才發現這是他的人格特質。我們談了工作條件，他也很大方地接受了不高的薪水條件（但有勞健保喔），我媽媽則提供家裡的一個房間讓他居住。他工作的第一天，恰巧是我的生日，那天我們沒有慶祝，就是認真地工作。那天上班時，我忽然覺得心情沉重，雖然不至於像是生了孩子，但想到接下來除了房貸之外，也要負擔另外一個人的生計，心裡便非常緊張，並偷偷質疑自己是否有能力指導一個編輯，就像是當初小蘇先生帶我入行一樣。

之後，我們在工作室一起上班，他總是比我早到，我總是比他晚走，我們回家後除了宵夜時間幾乎不會碰到面，他就在他房間裡面安靜寫作讀書，而我不是在家教，就是陪我媽看電視。或許是我的個性比較古怪，平日不習慣和人討論私事，更是不習慣與同事討論太多私人訊息，因為怕會尷尬或是因為太親密而容易起衝突，於是我們平日討論的話題全都是工作或是與書相關的事情，頂多是一起看電視大笑。

我們相處得很好，工作默契也非常好，因為他是很令人放心的同伴，總會適度提醒我迷糊的地方，或是忘記處理的事情，更重要的是，每一次我轉貼低級笑料影片給他，他都會大聲笑。

我永遠忘不了，每次要到台北辦活動的時候，我們兩個人總是扛著大包小包的東西上機車，停車後在後站集合，再大包小包地上火車、捷運，然後滿身大汗地走進工作地點。也還記得有好幾次拖著行李箱在炎熱的台北街頭走路，兩個人互相咒罵為什麼要弄得那麼累真是傻B下次再也不要這樣子了，然後下一次還是會說一樣的話。

如今谷涵人在紐西蘭打工渡假（2012，現在他回苗栗工作了），再也不用扛著書本在悶熱的台北街頭跑來跑去，反倒開始摘奇異果、在工廠與魚搏鬥，我衷心祝福他能夠征服可怕的魚腥味，也期待有一天他能夠在文壇嶄露頭角，畢竟他寫的東西真的非常好看。

除了谷涵之外，也有許多許多的朋友和工作夥伴在背後支撐著我。小時候渴望友情卻不得頭緒的我，總是在意對方是否感受到相同的友誼，把我放在重要的位置，然而這種東西怎麼想都奇怪。久而久之，我慢慢理出頭緒，發現我不應該對朋友有所期待，不敢主動說出「某某某是我的好朋友」這樣的話，深怕自己表錯情，自討沒趣。話雖如此，內心卻始終渴望有人能夠說出：「陳夏民是我的好朋友。」

如此矛盾又無聊的個性，讓我吃盡了苦頭。

直到如今，或許個性已經改不了了，也因為不希望造成別人的負擔，也害怕過於親密所帶來的齟齬，我還是習慣與朋友保持適當的距離。如此彆扭的人，現在也擁有了屬於自己的夢幻團隊，這是多麼不可思議的事情呀。謝謝你們。

2015
0818

有些標籤，得先貼在自己身上，方便實踐夢想，但有可能再也撕不下來。這個時候，只好在身上空白處再貼一張標籤，投注新的夢想進去，重頭開始。就這樣貼來貼去，直到沒有夢想、直到身上再也找不到空白之處，而決定不再貼標籤了為止。

【尋找經銷商結果看盡世態炎涼】

三十歲之前，因為功課不錯、腦袋不差、有穩定的白領工作，我似乎被歸類在人生勝利組。然而，三十歲之後，當我決定開立出版社，運勢卻一路下滑，每天都在煩惱中度過，白髮也比以前多了許多，髮線後退了一些，甚至連鼻毛都白了不少，一想到心情就好糟，恨不得拿鼻毛剪把鼻毛剪光光，眼不見為淨。

創立出版社之後，遇到的第一個大難關，便是尋找經銷商。要印出一本書，其實很簡單，撇開先前的排版工作，只要找好印刷廠就搞定了。做書簡單，要把書送上通路卻很困難。由於通路（尤其是大型網路書城或是連鎖書店）並不喜歡與出版社直往，一方面是因為窗口的工作量勢必大增，另一方面則是出版社多半不太會賣書，若是沒有專屬業務處理，單純的事情會變得麻煩。因此，通路若是透過經銷商居中協調，不僅能夠省下很多通訊成本，也能讓出版社專心做書，彼此都省事。

決定進行「詩，三連發」企劃，連續三個月一次推出一本詩集後，第一本書的上市日期原本預定在七月初，不料當我五月分開始帶著一整年的出版計畫表尋找經銷商時，卻四處碰壁，只好一延再延，錯過了七月的黃金檔期。

當時，為了比較各個經銷商的鋪書能力，我每天都到不同的實體書店查看新書平台區的新書狀況，然後翻閱各家純文學出版社的版權頁，查看經銷商的資訊。當時，我列出了幾家理想的經銷商，要和他們聯絡。每次打電話過去，對方的窗口或甚至是經理，都會很熱心地介紹自己的經銷能力以及專屬通路，然後他們詢問我的聯絡方式後，便要我把年度出版計畫表寄給他們。

誰知道，當我把年度出版計畫寄出去之後，就再也沒有回應了。有幾次，我覺得奇怪，打電話給那些窗口或是經理，他們不是不在位置上，也不曾回電。甚至還有一位祕書小姐詢問我：「請問哪裡找？」我回覆：「我這裡是逗點文創。」然後過了一會，小姐告訴我：「經理出國了。」

出國了？那為什麼剛才還要讓我等，直接先說不就好了嗎？該不會是聽見逗點，知道我們沒有賺頭，就決定出國吧？

沒想到我竟然變成別人避之惟恐不及的對象了（該不會每個人都在我轉身的時候，對我撒鹽巴吧！）人生。

就這樣，尋找經銷商的過程讓我看盡世態炎涼，非常痛苦。

我很清楚逗點雖然將以華文出版為主，首波作品又是一連三本詩集，但不代表這些書的銷售力很弱。我有自信能夠用企劃能力殺出一條血路，然而，當我都準備好了，卻沒有經銷商願意配合，導致這些書連上台被人看見的機會都沒有，這也未免太令人心酸了。

後來我終於聯繫上了知己圖書股份有限公司，他們專門代理晨星、大田等出版社，而大田出版社出版過許多重要華文作家的第一本作品，調性上，與逗點十分接近。當時我心想，要是連這家都沒辦法，那我就乾脆關門不出版了。

看過了我的年度出版計畫表之後，知己圖書的羅經理說：

「你們很瘋狂喔，我來和老闆研究看看。」

終於有人願意提供機會了！

這也是逗點創立之後，我第一次因為興奮而在辦公室放聲吶喊。

不久，逗點與知己順利合作了，雖然簽約過程又拖了許多時間，但辛苦製作的書本能夠上市，一切都值得。也因為羅經理總是願意指導我要把子彈（書本）放在正確的位置上，我避過了許多危機，當然其中也有幾次因為我不信邪而導致的悲劇，但目前為止，逗點得到的比損失的要多得多。

從人生勝利組墜落到人生失敗組的滋味，只有自己嘗過才會清楚。隨著逗點慢慢茁壯的我也經常反思，當有人請求協助，我是否能夠將心比心，讓他們不至於垂頭喪氣，帶著一些點子或是希望回去呢？

【練習冷靜偷窺之必要】

白天，我（自以為）是一個認真負責的出版工作者，晚上，我就化身謹守低調本分的Peeping Tom（偷窺者）。雖然有點衝突，但不這麼做不行吶。

只要逗點有新書上市，上了書店的新書平台，我就會找時間到書店巡視，看鋪貨狀況如何。巡完之後，我就會站在自家新書的斜對角，偷偷觀察到底有誰會把我們的新書拿起來看。目前為止，逗點書籍中最常被拿起來的前三名是《御伽草紙》、《這不是一部愛情電影》、《你是穿入我瞳孔的光》，而這三本書果真就是我們目前為止銷售數字的前三名。其中，女性讀者的比例大概有九成，比對逗點文創粉絲團的組織結構，真的是非常接近。

感謝各位姊姊妹妹，祝您們天天都是婦女節！

我還記得有一名約莫大一的女孩兒讀者，拿起《你是穿入我瞳孔的光》，開始閱讀書腰文案（或許她也相信「光年之外，有人在等你」吧？傻孩子）。就在她打開書頁，翻了翻，拿了書準備要走的時候，一個男生走過來，用力拍了她的肩膀，她嚇了一大跳差點叫出來，然後回頭說：「你很煩捏！」然後順手就把書放下了，陪著小男朋友嘻嘻哈哈走到書店另外的角落。

「喂，小姐！妳還沒結帳啊啊啊啊啊！快把這本書拿去結帳啊啊啊妳，不知道光年之外有人在等妳嗎？」生平第一次，我有了攻擊陌生人的舉動，真想飛踢那個開玩笑的男生，然後對他大喊：「你很煩捏！」

另外，我們家推出的詩集《葬禮》，這本書走粉紅色極簡風格，但沒想到拿起來看的都是男子漢啊！應該是作者嗜酒所發出的精神波動與經過的男子漢們發生共鳴吧！

不過，經常出勤也讓我見識了人性險惡的一面。

新書平台區的功能，就是方便讀者檢閱書籍，所以把書正面排成一落，讀者對哪一本有興趣，直接拿起來就好。誰知道，我經常看到有讀者明明只是想要翻閱，可是偏偏不拿台面上的第一本，就像是玩疊疊樂一樣，從下面的書堆抽取，翻了兩下，就放回去。

唉，雖說書擺出來就是要讓人翻的，但如果只是要隨意翻閱，那就饒了下面的書吧！雖說這只是小動作，但書籍在摩擦過程中，書封或是書衣很容易會出現摩擦痕跡，當然也容易留下指紋汗漬。賣相差了，之後也容易被送進退書清單。

我也曾經見過，有一些看起來非常知性的讀者，在平台區拿書翻閱時，姿勢非常有優美，讓人覺得身處電影場景。然而，他們翻完一本書之後，就直接用丟（ㄆㄧㄚ）的，把書丟回平台。天啊，雖然丟的不是我的書，偶爾也會看見我自己覺得做得不太好的書被丟，但還是人溺己溺，人飢己飢，心想：這書是跟你有何冤仇啊，何苦這樣子霸凌它呢？有幾次我真的就開口了，但只是換來「嗯」、白眼兩枚，或是不理不睬轉身就掰。

這個世界是怎麼一回事啊啊啊啊啊！我可以呼叫浩克去霸凌他們嗎？

最後，我也經常看見有讀者站著翻閱一本書，讀了大概有十面，然後就從口袋拿出手機，把書封拍下來，然後就去翻閱其他的書了。

我猜，大部分會這樣做的朋友們，應該都是為了之後到網路書店比價吧。來到一家書店，因為店家提供的明亮環境而能夠享受閱讀的趣味，當你拿起書閱讀之後，如果真心喜歡，請務必把書買回家。因為當你把書翻舊了卻不購買，其他人也都有樣學樣，那麼店家要如何有收入能夠支撐你所喜歡的閱讀環境呢？將心比心，碰上喜歡的書就出發吧，不要遲疑了。不然你看網路書店的「下次再買清單」裡面，有多少被遺忘的書，它們永遠都是下次再買，多可憐！就當作是一時衝動，反正頂多幾百塊錢啊，買到好書就是賺到，買到不喜歡的書就拿去二手書店流通讓它在他人身上找到真愛。

總之，把書拿了就朝櫃檯出發吧！

不在新書平台區的時候，我也依然 peeping。有些書籍插在書架上，還是需要關愛。在目前這個書籍只能賣一個月的時代，書籍上架之後，就等著消失，一方面則是因為現在書目太多，除非原本就是暢銷書，否則少量的書上架銷售後，店家多半也不會主動訂購補貨，頂多接受代訂。

由於書店裡面每一個角落都要發揮效果，因此書架上通常都塞得很「精實」，有時候想要從書架中把書拿出來，還會有點困難。這時候，就得要注意兩件事情，第一件就是「如果抽出來的書旁邊那本書帶著直型書腰，放回去時請務必小心」，第二件事情則是「請不要把食指壓在書背上緣，最好在封面三分之一的位置，再往下扳，把書弄出來」。

針對第一點，除非視力有《復仇者聯盟》的鷹眼那麼好，否則也很難做到，但如果把書放回書架，忽然發現有點卡卡兒，就趕緊停下不要硬塞，因為這本書旁邊一定站著一本直型書腰的書，而目前的狀況，就是撞到直型書腰了，如果硬塞進去，就會造成那條書腰破掉，有可能也會割傷手上這本書的封面。

至於第二點，現在的書很多都有書衣[1]，如果食指太靠近書背邊緣往下壓，很容易會造成書衣下來了，但書還沒下來的慘劇。

去書店偷窺還有一些好處，就是會聽到一些令人臉紅心跳的話，例如：「為什麼這一家出版社的封面都那麼醜啊」、「他推的書我都沒辦法接受」、「這標語也太誇張了」、「為什麼要作成白色的啊很容易髒耶」、「我覺得這個出版社的書就是很難」等族繁不及備載，幸好沒有讓我聽到有人當場說到逗點，不然我大概會吐血吧。

下一次，若是大家在書店遇到我，請裝作沒看到，讓我淡定地偷窺吧（茶）。

▲

註1：就是比書腰高，涵蓋住整本書的封面紙張。

2015
1110

銀彈不足，只能用
創意解決問題，
但一直動腦真的很
傷。今年新冒出來
的白髮數量多到讓
我考慮想染髮惹。

「想方設法讓大家知道我們的存在。」

我不怕打輸，只怕還沒上場，比賽就結束了。

雖然現在獨立出版百家爭鳴，但在通路上還是不利，這也是整個出版產業結構性的問題。目前的新書量太高，有些書甚至沒辦法在新書平台待上一個月，而在網路商店上架之後，也不一定有露出。除非透過出版社全書系書展的方式，利用強打新書和折扣贈品，同時帶出舊書一併銷售，不然已經出版的書就再也沒有曝光的方式。然而，獨立出版因為印書量少、書籍品項也少，幾乎不太可能在連鎖書店舉辦全書系書展。在缺乏長期的曝光之下，銷售期限相較於大型出版社的書種，便短了許多，幾乎只有新書強打期可以拚鬥，若是當時銷售不理想，銷售生命便可能攔腰而斷。

只能在一個月的時間內創造奇蹟，讓更多人知道我們的書！

因此，行銷企劃就是重點了，必須讓讀者知道我們的品牌，也必須讓通路願意陳列我們的書籍，或給予比較好的曝光。

在書林擔任編輯時，鮮少參與通路的報品，就連行銷活動也只能出出主意，鮮少實際參與。但如今踏上獨立出版的道路，要是行銷不太積極，很有可能仗還沒開始打，就被遺忘在場邊，一個月過後只能草草下架。為了讓通路、讀者認識這一家新的出版社，就算對於行銷有多不熟稔，也得硬著頭皮去嘗試了。

為了讓通路認識逗點這個新品牌，我先請經銷商安排時間，帶著年度出版計畫書還有最新的書介，親自前往提報。由於是新的出版社，出版內容又是詩集，的確被問到許多問題，例如「以前幾乎沒有出版社會專程過來提報詩集耶」、「你們怎麼那麼勇敢要一直出詩集」、「你確定這賣得動嗎」之類的。

也因為知道了通路的反應，我大概知道他們對於詩集的態度，因此就要說服他們，讓他們相信這是有機會成功的事情。於是我便提出當時敲定的書店活動以及宣傳方式，一一解釋，讓通路知道逗點並不是一個只求讓書進入通路的出版社，而是一個主動積極想要把書推廣出去的出版社。

當然通路一開始有些質疑，畢竟是全新的出版社，推出的作品又不是他們熟悉領域的作家，也只能盡力施展「相信我之術」，搭配一些「看得見」的努力證據，來說服他們了。

至於對一般讀者的宣傳，除了酷卡、海報，還有較為密集的書店活動之外，媒體曝光則是可遇不可求，只能透過寄送公關書還有書訊，期待對方幫忙了。

由於沒有太多錢，只能依靠網路來讓讀者多認識逗點，於是我們透過 Google 的免費部落格服務，開了逗點的官方網站。由於分享是逗點的「結社」概念之核心，我希望逗點的網站能夠提供許多有趣的故事，讓讀者消磨一整天的時間，慢慢閱讀，從中找到一些樂子。

我們不是電腦高手，做不出華麗的特效，只能用內容取勝。當時我們把網站設定為線上月刊，設定該月主題（如鬼月、旅行等），再透過 R.E.D.（Read Every Day）的單元，徵求稿件或是主動搜尋稿件轉載刊登，吸引讀者前來閱讀。不過，隨著谷涵的離去，我也沒辦法獨自維護，因此便停止 R.E.D. 單元，改為不定期專欄形式，繼續提供值得分享的文章[1]。另外，也透過開箱文的形式，拍攝每一本書進入工作室的樣貌，然後由我或是谷涵寫一篇文章來介紹這一本書的裝幀故事。

透過網路的分享，有越來越多人知道逗點，儘管逗點幾乎都推新人的作品，銷售數字不一定每次都好，但是對於建立作者的知名度，還是有一定的把握。

曾經在通路遇見同業，她好奇地問我：「為什麼每次你都要親自來提報？有些比較小的書就讓經銷商自己介紹就好啊，每次都從桃園上來實在太累了。」

先不管「從桃園上來」這句話，的確，對於印刷量較少的書籍，我其實不需要親自提報，但是只要能夠和通路見面，就算只有簡單打個招呼，也能讓他們知道「逗點目前還好好的」。

每一本書，不管製作規模大或是小，都是花了苦心的，因此無論如何，只要有機會，我都要一一解釋，不能讓這些書就此消失在書海。

我還記得，當我在臉書成立逗點的粉絲團時，看著個位數字的粉絲（裡頭全都是朋友），很感嘆地對著谷涵說：「你覺得我們什麼時候可以突破五百呢？」然後，兩年後的今天，逗點粉絲團的人數剛剛突破四千了，而網站的總點閱也終於突破十八萬，以一個專出純文學書的獨立出版社而言，應該算是不錯吧？

不，還不夠啊啊啊啊啊。

就算我知道貪心不足蛇吞象，還是不夠啊啊啊啊！

對於一個將要持續推出新人作品的出版社而言，如果品牌形象不夠紮實，將很難說服讀者相信我們的作者。因此，直到全部的文青還有非文青都知道我們為止，不能停下來，繼續衝刺吧，逗點。

▲註1：後來逗點官方網站成立之後，原有的部落格形式網站便關閉了。逗點網站仍然堅持著相同的信念，至今大概累積了一整天都讀不完的作者採訪、書評與特別企劃單元喔。

「擺攤的時候都會很想罵髒話」

國小的時候，每次放學後去朋友家寫作業，他媽媽送飲料上來的時候，都會對我們再三告誡：「你們要好好讀書，以後才不會去擺地攤賺辛苦錢。」那一陣子，在《天天開心》還有一些年後的台語連續劇，都會聽到成鳳的〈路邊攤的心聲〉這首歌：「路邊攤緊來作生意／甘苦還是加減跟人擠／天公伯／緊好天／不通給阮歹過年。」也太悲情了吧，之後每每見到地攤店家辛勤叫賣，但沒有人理會時，我便會在心中反覆默唸：「絕對不能和成鳳一樣，要也是變成李嘉，每天開心相招朋友〈酒夜市〉！絕對不要變成擺地攤的人啦！」

我常想，會不會是因為這種恐懼透過潛意識再三播放，讓宇宙大哥誤以為我在向他下訂單，才讓我在讀到碩士畢業，當過英文老師之後，因為開了出版社的緣故，開始擺攤。

一開始，我看著一人出版社的老闆劉霽，獨自提著公事包，隨意選定一個地方，便安坐下來，向路人展示公事包裡面的書的同時，他會翻開一本書閱讀。從旁人的眼光看來，這的確是非常酷的事情，於是，我也在心裡想，有機會我也要去擺攤，跟他一樣變成行為藝術家。

之後，當我們幾家獨立出版社一同參加創意市集，我才領悟，擺攤是要靠天分的。

擺攤前要準備啥？那就是把貨物送到現場啊！

然而，這些創意市集幾乎都在台北，於是，我便得和逗點人二號把很重很重的書扛上摩托車前座，騎到桃園後站停車，拖著那一大袋重不溜丟的書走過地下道，在桃園火車站乘上人擠人的火車，一路站到台北，然後再隨著人龍擠進捷運車廂，之後再扛著那些書慢慢抵達會場。

好幾次，安置在機車前座的書在等紅綠燈的時候全數落到地面，我也只好立刻停車，在眾目睽睽之下，把書一本一本撿起來，一邊慶幸好險好險我有把書用封口袋包起來！至於搬運書籍的過程，如果是冬天也罷，夏天或是太陽正大的時候，我都會有一種自己正在當鷹架工人的錯覺，雙腳似乎隨時要懸空，要是落下來了就一命嗚呼魂歸離恨天。

為什麼書那麼重呢？

為什麼我要搬著那麼重的書跑來跑去呢？

到了會場該怎麼辦？那就佈置啊。這倒是簡單得多。

若是擺攤地點在戶外，我就會向宇宙大哥祈禱，希望他不要把蚊子送過來，然而他總是會錯意，讓我每次都被叮到兩隻腳幾乎開花，癢到我一直抓，抓到停不下來，很擔心別人以為我有皮膚病這樣。然後，隨著擺攤經驗值提昇了，我也學會要用防蚊液來驅蚊，然而，就算解決了蚊子問題，還是有很令人惱怒的問題接踵而來。

天氣好的話，我總會熱到中暑，天氣差的話，我總會被淋到感冒。我不太清楚為什麼宇宙大哥不願意讓我有比較舒適的擺攤環境，為什麼每次都要這樣子折磨我呢？

然而，搬運書籍、與蚊子搏鬥、中暑感冒這都是小意思，我最無法忍受的，便是奧客或是不把人當一回事的人。

曾經有客人光臨我的攤位，拿起我擺在桌上的書籍翻閱，我看著她一身文青打扮，想說應該打聲招呼，於是便簡單介紹了這本書的內容，然後她從書本中抬起頭，瞪了我一眼說：「我自己會看。」我想，如果她說完就把書放下立刻走人的話，事情便簡單得多。然而她就站在那邊，一邊就著桌面用手指翻弄我們的書，一邊打手機給朋友聊天說她晚上要去公館看演唱會，就這樣待在那裡好久好久，根本沒有在看，只是手指閒不下來而已。我看了實在凍未條，真想後退五米然後助跑飛踢，一口氣把她從古亭站送到公館去。

我也曾經站在攤位前發送傳單，站定位之前，我在心裡想：「只要我微笑以待，不要讓手上的酷卡觸犯到行人的安全領域，然後好好打聲招呼，應該就沒問題了吧。畢竟會來看這個創意市集的人，應該會喜歡這類資訊。」不料，事與願違，有時距離對方快要一公尺之遠，才說了一聲嗨，就被翻白眼了，也有過路人彷彿看到噁心的東西般，一股腦把我的手撥開。

由於我媽媽說過，遇到發傳單的人，就幫忙拿一張，讓對方可以早點回家。於是，只要可以，我都會幫忙拿，假如手上拿著東西不方便，我會微笑說：「不用了，謝謝。」

但為什麼我會遇到那樣的人呢？

當然，我也曾遇過很好的讀者，他們會主動詢問一本書的特點，甚至主動告訴我：「我可以跟你拿一疊酷卡嗎？我想我的同學們應該也會喜歡。」要不要買都是其次，但至少這樣的態度讓人感受到溫度。比起那些小惡魔，這樣的讀者根本就是觀世音菩薩來著！

曾經，有人問我，明知道擺攤的效益那麼差，累了一整天可能也沒辦法賣出一本書，那為什麼還要去擺呢？

我想，那是因為出版社是極度需要互動的組織，但我們很少有機會能夠親自面對讀者，去看他們與一本書的互動。當我們在攤位呈現自家的書，只要有一個人經過，願意駐足觀看，甚至把書拿起來，那我就有機會可以從他對於一本書的反應，去推敲其他人對於這一本書的想法。比起網路票選或是留言板意見，這樣的觀察更直接，也更準確。此外，透過與讀者互動，偶爾也能聽到一些新鮮有趣的意見，甚至交到很棒的朋友。

有一次，我甚至遇過陌生的讀者帶了蛋糕過來，他說：「我在臉書上看見你們要來擺攤，想說過來幫你們加油打氣。」我看著那些蛋糕，覺得好窩心，差點沒有哭出來，但把蛋糕送進嘴裡的時候，我又難免狐疑，畢竟是不認識的人，那蛋糕會不會摻了什麼東西，可以吃嗎？然後就在心裡面半推半就，還是吃光了，真是口嫌體正直啊。

老實說，我喜愛擺攤的感覺，但是我真的好討厭搬運書籍的過程。每次在收攤之後，發現書根本就沒有賣出幾本，心情都會極度惡劣。回程在火車上，我都會忍不住在心裡面大唱悲歌，恨不得像我在印尼火車上見過的火車攤販一樣，直接把箱子打開，一本一本向乘客們兜售，然後被司機趕下車。若真的發生了，我就會學任潔玲一樣把自己泡在水裡面（當然不會讓書淋濕），然後大聲哭喊：「有沒有愛過我，無情的世界太冷你忍心放我在風中在雨中！」之後再撐著濕答答的衣服，扛著那些書，回家去。

唉，出版社擺攤，真是無法耍帥，讓人想要一直罵髒話。人生。

「不要保持沉默，把話說出來啊你！」

那一天，出版社友人問我：「你很會跟讀者介紹書耶，說得很好。」

我看著他，想了一下子，說：「我其實很害怕對陌生人說話。」

他看著我，有點想要苦哭好像受傷害了，我趕緊說：「三八兄弟你不是陌生人啦傻B！」

我總是下意識想逃開任何需要溝通的場合，因為我害怕暴露自己的不足，也害怕爭執，因為這樣怯懦的個性，我總是習慣一個人逛街、旅行、上網、工作，與好朋友之間也會保持安全的距離，無法每天膩在一起，深怕因為過於親密而忘記分寸、冒犯了對方。曾經有朋友為此寫信罵我，說：「你這樣子也未免太客套了！到底有沒有把我當朋友？」

那我又該怎麼辦呢？涼拌炒雞蛋，我實在不知道該怎麼辦啊。

開了出版社之後，我才發現這種逃避心態與我的職業有著本質上的衝突，出版需要溝通，需要面對人群（到底是誰洗腦我，讓我以為當編輯可以安靜在自己的小世界過活的！到底是誰傳遞核能電廠就算爐心有三十公分裂痕、少了幾十根螺絲釘，也可以安全運轉的觀念給民眾的！作家郭正偉：試問原能會諸位大德，汽車引擎少了根螺絲釘、汽缸也裂了，您們會載著自己小孩開上路嗎？）。唯有透過溝通，才能把一個新的品牌、新的作者推出去。

於是，我開始在不同的學校、書店演講，只要有機會，我就一直對陌生人說話，總是把自家作品掛在嘴邊。另一方面，我慢慢地練習說話技巧，慢慢地學習如何回答聽眾的問題，或是四兩撥千斤把尷尬或是涉及機密的問題簡單帶過（像是很多人會問：聽說×××很難搞，是真的嗎？或是你有想過逗點倒閉你會怎麼辦嗎？我只能在內心大喊：不要問這種問題，你趕快把逗點的書帶回家，我就不會倒閉了啦！這位姐接拜託尼！）。直到有一些陌生的人變成了朋友，直到有一些人拿著逗點的書請我在版權頁上簽名，我才相信，我目前做的事情終於有了一丁點的價值。

話雖如此，但我內心還是有個關卡過不去（拭淚），那就是在擺攤的時候，對著陌生的讀者介紹書。換句話說，就是變成業務或是銷售人員，努力說服顧客把書帶回家。擺攤和演講不同，畢竟，擺攤結束後，誰來支付我演講費啊？要是書沒有賣出去，除了賠上場地、宣傳費用，還得把所有書扛回家，這可是比通路賣書更加血淋淋也更殘酷的挑戰啊！

不過，多虧了《海洋心情》的作者汪其楣老師，讓我克服了這關卡，走出去了。在 2012 年台北國際書展期間，汪老師從場地架設的時候就來報到。書展第一天，她就逛遍了每一個參與「讀字車站」的出版社攤位，還買了一大堆書。第二天，她就開始顧店，我也親眼看到她拿著角立出版的陳克華《啊大，啊大，啊大美國》詩集，一面拉著封面的活窗設計，一面介紹內容，沒有幾分鐘，讀者就拿著那本書到櫃台結帳了！也看過她拉著讀者到一人、南方的攤位，介紹這些出版夥伴的特色，甚至介紹了某些書的內容。（我心想，這位老師，您晚上都不用睡覺的嗎？不要熬夜念書啊！）

到了第三天還是第四天，我告訴汪老師：「老師您這樣會不會太累啊？快回家休息吧？」她就說：「報告社長，不會！」之後，她似乎也發現我骨子裡面的怯懦（眼睛怎麼那麼好！），所以告訴我：「你就把書拿著，介紹給讀者，畢竟這些書不是壞東西，他們要不要買沒有關係，至少我們盡了告知的義務。」

「No harm to ask。記得。」她再三囑咐。

有個同行曾經說過：「想要賣書，還裝什麼紳士淑女？面子卸盡也要用力去推！」（他也太激烈了吧啊啊啊啊！）的確，如果只是想要寫東西給別人看，放在部落格就好了，何必要砍樹印書？一旦把樹砍下來，就要對樹負責任，不能讓這些樹靈白白犧牲，否則它們終究會回來（並且騎在你的肩膀上）的！再者，如果一個作者以為作品出版之後，身為創作者的義務就完全盡了，而忘記自己還有那麼多個孩子們分散在全國的書店，孤零零地等待寄養家庭，在心裡唱著：「昨夜，多少傷心的淚，湧上心頭，只有星星知道我的心。」這樣子也未免太鐵石心腸了吧？（請學習《星星知我心》裡面的吳靜嫻媽媽吧！）

偶爾會收到年輕創作者的信，他們會說逗點的書似乎曝光不錯，作者可以輕鬆一點。但他們不知道，我常常逼作者四處演講、上廣播或是一直投稿，反正只要有宣傳的機會，一個都不能放過，先前也有作者告訴我：「我、我可以不要演講嗎？我害羞。」

害羞？這是你的孩子啊！你不出面捍衛自己的孩子，誰可以幫你？出版社能做的，絕對不會少做，但有些事情不是出版社自己就能夠全部解決的！

雖然現在講座越來越多，在街上想要遇到作家的機率越來越高，類似活動已然變成安慰性質，對於銷售沒有太大幫助。但至少透過臉書、部落格、報紙或是更積極的行動，和這個世界溝通，把你的理念和態度告訴其他的人吧！就算不賣書，只要有想要推廣的信念，就不要害羞、大聲說出來，不要像隱瞞真相不告訴我們的原能會一樣逃避溝通。

如果你有夢想，請張開嘴巴把話說清楚，讓他們聽見你捍衛自己理想的決心，就算把話說得結結巴巴也沒關係，至少讓他們知道你是什麼人。

2016
1114

如果合作過程中的「地獄感」不是自己交付給自己，而是被其中一方強加上去的，案子完成後，不會有任何一個人滿意。想想三分鐘，你不需要成為他人的地獄。

【自作多情必被甩——記那些落跑的作者們】

職業使然，三不五時就要到書店巡視華文創作區書架，看我們的書有沒有被賣出去。當然啦，如果賣出去了，也不一定會補貨——因為新書太多啦，除非讀者付訂金確定要買，或者是本來就大賣的書，不然書店很少會補單本書的。總之呢，那天在書架上我看見某一本書，忽然覺得眼熟，對了對作者名字，才發現這本書本來該在我這邊出的。

「什麼！《小春眠》（就用小春眠來代替這本書名吧）跑到別家出，竟然連知會我一聲也沒有！我就這樣無預警被甩？（哭）」

2011年一月，因為逗點對於詩集出版的成績不錯，有另外一家出版社轉介了這本自費出版的詩集提案給我。我當時研究了稿子，覺得挺有趣的，又因為是老朋友推薦，於是便同意協助出版，寄了合約過去，也請編輯開始處理。期間我們就透過電子信件聯絡，他問了我很多問題，例如印刷數量、推薦序文的截稿時間，之後也討論了上市日期（暑假前後），但就是遲遲不簽合約。

由於當時已經三月，如果按照他想要的出版日期，理當五月就得印，時間很急迫。但沒有簽訂合約的狀況，我始終覺得怪怪的，但想說對方也是教書的人，應該不會欺騙我吧，為了趕時間，所以就交代編輯開始編輯，甚至入版型。我自己也發了幾封信提醒他要簽約，但始終都沒有回應。

編輯也覺得毛毛的，有意無意也提醒我說：「《小春眠》的合約還沒回來，我真的要繼續嗎？」但我總安慰他，沒事，你繼續弄，但可以弄慢一點，以防萬一。（我真是笨蛋！哪來的弄慢一點就可以防萬一，每個工程來去的時間都是成本啊我這個笨蛋！）

三月底，他寄了這一封信給我：「關於《小春眠》的出版，跟師長討論後的結果，結定延到暑假過後再行刊印，到時再麻煩您了。」最後，還不忘祝福我「春眠不覺曉」。

我想，敏感如你就知道發生了什麼事情，但我還是個笨蛋，心想好吧既然到時才要出，那我也只好先暫緩，就等他消息吧。畢竟是老朋友推薦的，應該不會讓我受傷害吧？禮貌性地再寄了一次合約過去，就再也沒有消息了，直到我看見那本書掛著別家出版社的牌子出現在書店，也已經是 2012 年的事情了。

「春眠不覺曉」、「春眠不覺曉」，好一個「春眠不覺曉」（我真的對這個句子很執著），好一個「到時再麻煩您了」，要分手好歹傳個簡訊，別人事情都做了一半，為什麼就這樣跑掉咧？我知道這樣生氣不好，畢竟被甩的人會比較情緒化需要一些慰藉你也知道的。

但仔細想想，他完全沒有錯耶，更不用負責任（我也太理性了情緒轉折好快）。為什麼呢？因為我們之間沒有簽約，也沒有金錢關係，換句話說，我們之間什麼都不是啊啊啊。如果硬要說是誰的錯，那就是我自己太主動了，什麼都不確定的狀況之下就幫人想東想西，頭髮鼻毛都變白了也是我自己活該啊真是氣死我了。

這就是我自作多情而被甩的經驗，希望可以給你一點啟示。

2017
0419

有些事情就是
咬牙撐著，談
什麼技術或效
率都是多餘。

【文學圈也有AKB48？】

曾聽說資深文青都要去明星咖啡店或是公館的明目書社聚會，那麼中生代的文青又要到哪裡聚會呢？我想，除了泡咖啡店之外，應該就是KTV了。

踏入出版業之前，原先都以為文藝青年都不聽中文情歌，直到在包廂聽見有作家高唱〈失戀無罪〉、〈你不知道的事〉、

〈勇氣〉，才發現原來這些很會寫字的人唱起歌來還真不賴。之後，我發現逗點的創作者中會唱歌的不少，甚至有人會學瑪麗亞・凱莉飆海豚音，還有人會學陳奕迅唱廣東歌，我便忍不住想，有什麼方式能夠讓他們在音樂圈出道呢？畢竟書太難賣，想靠書本賺錢真的非常困難，透過音樂巡迴表演，似乎比文字創作來得實際一些！

由於我經常把這件事情掛在嘴邊，逢人就說：「欸，你知道嗎，我們家作者要組band喔！」因緣際會之下，《文訊》雜誌為因有活動需求，詢問逗點是否可以派出表演團隊。聽聞這個邀約，我先是愣了一下，心想：「不會吧，這樣子就要開始了？」將訊息轉給唱歌的頭頭黃柏軒之後，他便開始準備。於是乎，第一次的公開活動，就由黃柏軒與王離出馬，而他們也就是後來「The Lazy Mob」樂團的核心成員。

之後，黃柏軒便開始招兵買馬，最高紀錄曾有超過二十位成員，由於大多數的成員都有自己的工作，因此 The Lazy Mob 也成為了類似 AKB48 的團體，不僅可以全員出動，也能夠以最小單位「兩人組」出場，能屈能伸真的是宰相肚裡能撐船（咦）。他們不僅曾在 2011 年的台北詩歌節擔綱演出，也曾在 2011 年國際書展登台亮相，除此之外，還有包括台南、紀州庵、牯嶺街等大大小小約莫十個活動的邀約，算得上是多才多藝創作者的最佳例證了。

那我呢？我不是團員啊。

因為長年教英文又每天熬夜加班的因素，我的喉嚨早就壞掉了，沒辦法像以前一樣唱歌。所以還是稱職地當樂團好朋友，有機會就幫他們接洽通告，讓他們自己去表演，然後站在台下拍手鼓掌，這樣就足夠了。

「不會寫詩的人可以出版詩集嗎？」

曾經收過讀者寫來的信，針對我出版過的書籍，洋洋灑灑列了許多罪狀，其中一點便是「你對詩壇又不熟，就連有哪些前輩都不知道，怎麼可以編輯、出版詩集」。不久，我也在某前輩的文章裡，看到了類似的意見（但他沒有指名道姓希望不是罵我），指責現在出版的詩集都是亂七八糟，原因無他，就是出版人不會寫詩。

我看了這些批評，一開始容易情緒不好，但久了以後，也覺得還好。一方面是青菜蘿蔔各有所好，我沒辦法滿足所有人的需求，或是有些書籍的確不夠強，所以只能虛心受教。另一方面則是覺得，這種質疑無非就像是「影評人不會拍電影，所以不應該批評電影」，或是「你又不會煮菜，怎麼可以寫食記」一樣，令人哭笑不得。

如果出版的世界裡，只有詩人才能編輯詩集，只有小說家能夠編輯小說，只有畫家能夠編輯美術書，只有設計師能夠編輯設計書，那純粹扮演最認真讀者的編輯們，是否都該收拾包袱，對著書店所有的書大喊：「對不起我們不會創作，所以不應該編輯！」喊完了就一同辭職謝罪？

此外，很多人因為逗點剛成立，便一連出版三本詩集，而誤認我本身寫詩，甚至以詩人來稱呼我。天啊，我不會寫詩呀，這誤會可大了。

那麼，為什麼一開始要出版詩集呢？

踏入出版業之前，我就讀東華大學的英美系、創英所，身邊許多朋友都寫詩，但我幾乎不會主動閱讀新詩集，但是課堂上的英詩，例如莎士比亞的《十四行詩》、布萊克（William Blake）、葉慈（Yeats）、迪金生（Emily Dickinson）等，我都會隨著課堂進度乖乖閱讀，並參與課堂討論。

為什麼不太閱讀詩集呢？因為某些閱讀經驗，我覺得詩很難懂，於是便下意識地慢慢疏離了詩。直到在書林工作時，我從頭到尾閱讀過的華文詩集，大概五隻手指頭都還夠數。

確定走上獨立出版的道路時，我的論文指導教授枚綠金老師和同學鄭聿、王離在一次聚會上，主動要把詩稿交給我出版。我當下覺得這是很棒的一件事情，畢竟有了這些充滿善意的禮物會是很棒的開始。儘管我甚少主動閱讀詩，但多虧了先前讀書時期的英詩經驗，若真心想讀，也不至於沒有辦法。另一方面，我十分害怕，因為我對於華文詩世界的了解是如此不足，要是搞垮了怎麼辦呢？

想。

「既然盛情難卻，那就不要辜負摯友們的心意。」我這麼

這個時候，先前對於詩壇陌生所產生的恐懼，反而成為一面鏡子。

我一面參照三本詩稿，一面思索要如何把詩集編輯成我不會害怕去碰的樣子，於是盡可能放大抒情元素，在試讀或是曝光的部分，盡可能挑選簡單卻深刻的作品。同時，我也研究市面上詩集出版的狀況，列出了幾個值得注意的劣勢，包含書量不夠發、無法上平台（兩者有一定比例的因果關係）、幾乎沒有行銷方式等，針對鋪書點和經銷商研擬發書計畫（有限的子彈絕對要打到正確的地方），然後再把一些商業上的操作（如

打團體戰、聯名推薦者、廣告文案等）運用到「詩，三連發」（註：枚綠金的《聖謐林》、鄭聿的《玩具刀》、王離的《遷徙家屋》）的出版計畫上。

把詩集當成一般的書籍來製作，這便是當時的策略，幸好這樣的策略發揮功用，成功地讓純文學讀者藉由這三本詩集，認識了逗點。

我常想，當初的「詩，三連發」計畫，能夠達到這樣的效果，除了作者、朋友的善意援助之外，應該就是因為不熟悉當代詩壇，讓我能夠一邊戒慎恐懼，另一邊同時以「一般讀者」的心情去研究策略：「他們是否會害怕詩？」、「他們如果讀到一篇情詩會怎樣？」、「我要怎麼樣讓他們願意拿起這一本書」等。

或許是「詩，三連發」打開了知名度，有越來越多的詩人希望能夠在逗點出書，無論是否自費出版，在挑選詩稿時，我有時不會特別針對詩的藝術成就來考量，反倒會思考不同讀者的需求，來決定是否出版。例如，我會參照自己對於一般上班族女性、大學女生、大學男生的了解（或者是刻板印象），來判斷某一本書稿內，是否能夠滿足任何一個族群的需求，如果可以，就要透過文案或是設計放大那樣的需求。

以貓王阿圖的《九份．貓體詩》為例。大家都認為貓咪是不敗主題，只要封面放上一隻貓就沒有問題了，但實際上失敗的案例非常的多。

當我看到貓王阿圖的詩稿，發現他的詩句以貓為敘事者，文字跳躍感強，偶爾會摸不清楚邏輯。也因為詩句跳躍偶爾抽象，搭配了具體的貓咪照片，之間差異反倒強化想像空間，滿足了一般讀者對於「我家的貓應該會寫出這樣子的詩」的想像。於是，就我的立場而言，書介、作者介紹等，無論如何就是要強化「作者是貓」的印象，用作者的形象去帶出一本書的故事，讓大家覺得「貓王阿圖」就是一隻很酷的貓咪。

託貓王阿圖的福，這一本詩集的銷售突破了一千一百本，市面上剩不到一百本，這也是逗點目前為止，實際銷售量突破一千本的四本詩集之一。很可惜，作者決定不再刷，只能期待有心人在各實體書店找尋《貓體詩》的蹤影時，能夠順道把他帶回家照顧了。

除了「詩，三連發」之外，逗點也執行過更大規模的團體戰「詩，閱讀的盛世」，半年內推出八本詩集，以年輕作者擔任先發猛衝，同時預告後面的強棒打者來醞釀聲勢，再以有知名度的作者擔任後援，拉長年輕作者的曝光周期。儘管每一本詩集都有不同的表現，但大抵看來，戰績頗令人滿意。

在「詩，閱讀的盛世」結束後，可能是太過密集接觸詩集了，我忽然發現製作詩集對我而言，似乎比其他的書籍都要熟練。也就是說，編輯詩稿時，我發現我沒有了好奇心。會失去好奇心，表示我的內心因為熟練而多了怠惰，當然持續下去也不會有壞處，可能就越來越順利了。但為了對作者負責，也為了能夠逼迫自己想出更新的點子，之後我便決定要延緩詩集的出版，直到好奇心回來了，才能繼續動工。

回到正文，是的，雖然中間兜了一大圈，我可沒有忘記這一篇文章的題目是「一個不寫詩的人可以出版詩集嗎？」

答案應該是肯定的。詩集再怎麼說，還是一本書。製作一本書其實不是編輯說了算，必須在有限的經費、時間限制下，和作者、設計師互相激盪腦力，才能夠把文字稿件作成一本書。出版是再度創作的過程，如果作者和設計師都沒有意見，我想應該也就沒有問題了。

身為出版人，我必須負責的對象是每一本書的讀者和作者，也把所有的精力都放在自家的書稿還有針對工作的閱讀上，剩餘的時間，我只希望能夠分配給自己，旅行也好，打電動尤佳，而不用為更了解詩壇或文壇生態，而四處交朋友談八卦，那不適合我。

對不起，我不會寫詩，也不熟詩壇倫理，但我應該會繼續出版詩集。

2017
0710

這一年都在練習，不要急著回應這個世界。閉嘴幹活把手弄髒，養活身邊的人，至於高來高去秀品味的批評，就當作幹話，喝酒時才能講。如今身心健康，雙手合十可漂浮一釐米。深深有感。

「看見銷售報表都想捏爆滑鼠（哭）」

找到了經銷商，也和通路介紹過新書及出版計畫，胸口的大石頭理當掉下來了。然而，在書正式上市之前，我的內心焦慮不已，一方面擔心通路下單量太低，另一方面則是有一種「這次玩真的了」的感覺。我的心情完全吻合海明威〈法蘭西斯・麥坎伯幸福而短暫的一生〉中的男主角，原本是個優越的人，但當他第一次聽見獅子的吼聲，忽然意識到自己就要與「他」對決，面對如此龐大而威猛的絕對壓倒性的存在，一個人要如何才能與他搏鬥，最後得勝呢？

「要是沒人買怎麼辦？」我每天都在嘀咕著，只差沒有在月曆上寫「距離上市只剩一天」，但腦袋裡面那時鐘可是滴答作響從不休息。

逗點的第一本書《聖謐林》剛上市的時候，我只要想到就會打電話給經銷商詢問銷售狀況，我猜羅經理應該也很困擾吧，該不會在心裡面嘀咕「早知道就不要接，做詩集的人果真怪怪的吧」？總之，那一陣子我每天關注排行榜還有文宣是否露出，幾乎快要發瘋了。

所幸，經銷商說：「以第一本詩集來講，還不錯喔。」我鬆了一口氣，然後也陸續出版了其他書籍。

每一本書出版時，我都懷抱著相同的心情——戰戰兢兢。如果我戰戰兢兢的程度與銷量成正比，那逗點的每一本書銷量應該都要打破《賈伯斯傳》吧。總之，隨著新書期漸緩，通路退書也都明朗了，我要來了第一次的報表。

其實還可以接受呢！

不過，隨著出書量越來越多，報表的數字就不再那麼可人了。

我永遠記得有一次到法國工作，因為惦記著台灣的狀況以及送印的情形，便扛著筆電隨時與逗點人二號連線。就在某個風和日麗的下午，飯店對面陽台還有人躺著作日光浴，其他同事們則在房間裡面喝啤酒聊天，我打開電腦，收到了經銷商幫我整理的三大通路年度報表。

「這是惡作劇吧！經銷商整理錯了吧？」我在內心大喊，真不敢相信我看到的數字。

拉著滑鼠上下移動閱讀全部報表的瞬間，我覺得脖子後方肌肉好緊，好像有人把我的脖子當成毛巾在扭一樣，然後我的手也麻了，整個胸口鬱悶。我的老天，該不會要中風了吧？誰來拿根針幫我放血啊啊啊啊！我的手緊握著滑鼠，好緊好緊好像在坐大怒神坐到最高點隨時要高速落下而抓住前方把手一樣緊。我想，如果奧運有比握力的項目，只要派任何一家出版社的總編輯帶著年度銷售報表去參賽，應該都可以得金牌吧。

每次看見銷售報表，不論賣得多好或是多差，心裡面都要感嘆為什麼不能再多賣幾本，另一方面，也會就此研究某些書籍在特定通路上的表現，為什麼遠勝／遜於其他通路，不都是同一本書嗎？隨著經驗增加，也才體會這種狀況類似植物系的神奇寶貝，只要在水汽充沛的環境之下，全身戰鬥防禦數值都會上升一樣。（當然也是有五行相剋的情況出現）

於是，等到下一次要包裝一本書時，出版社便會先研究那一本書的鎖定讀者群，可能會在哪一個通路有較強的表現，然後思索是否要把整體風格調整成最適合該通路的形象。雖然不能屢試屢中，但結果通常相差也不遠矣。

書籍不是日常用品，不太可能出現重複購買的情形，也因此銷售報表的每一個數字，都代表著一個活生生的人，都有溫度、都會呼吸、都有脾氣與各自的喜好。為什麼有一些書就能吸引那麼多人閱讀，而有一些書就算再好，都還是孤獨地等待著有人與他相愛呢？

針對讀者喜愛程度來改善書籍的呈現方式，是銷售報表最重要的一個教訓。

對於出版社而言，無論是獨立與否，銷售報表都是最殘酷的一次挑戰。所有製作一本書時所投注的熱情，都會因為這份報表而產生質變，嚴重的情況下，不僅會消磨原本對於該書的愛，還會對自我產生懷疑，然後對該書的作者產生難以抹滅的愧疚。

無奈，為了生存，出版社無法停下來，就算再怎麼難過，甚至捏爆了滑鼠，把手包紮好之後，還是得擦乾眼淚，繼續朝著下一本書邁進。無論是否心安理得，都會在內心大喊：「請你等等我，等我變得更厲害，再回過頭來救你！你不要怕，先一個人待在倉庫裡面，乖乖等我來救你喔！」

然後，你會自我安慰那不是一句謊言，而是出自肺腑，字字都是真的，就這樣陷入無限循環，直到終於出現了一本成功的書為止。

2017
0915

腦袋有再多創意，沒有錢，不如不做。把自己逼到極限，比不上把空間弄整齊，沒事抽一本亂讀配酒吹冷氣，還比較爽。

【退書後，書本感傷】

千辛萬苦終於把書送上了通路，誰知道，不到一個月的時間就要決定一本書將來是死是生，偶爾都會覺得彷彿把剛出生的小娃兒丟進修羅場拚生死，未免也太殘酷了。但這都是書的宿命，而每一本書也都有各自的命，好命的紙本書能夠持續流通，不好命的，又會如何呢？

書本印好之後，從印刷廠發送到經銷商，然後再從經銷商分送到各直營通路和中盤商，然後中盤商再發送到各自配合的獨立書店。過程中，店家可能習慣在書的邊緣蓋上書店印章，或是用鉛筆加上日期註記，或甚至會在書上貼上標籤貼紙，使用這些標記的原因多半是為了防竊或是方便計算退書時間。

是的，如果書籍銷售的情況欠佳，當然不太可能留在通路等待有緣人，可能只會留下一本安插在書架，其餘的全數退回。曾經美麗、新穎的書本，經過了一次次的舟車勞頓，有的暈車、有的脫皮、有的多了鉛筆或印章刺青、有的則是——唉，我曾見過最誇張的案例，是封面全部被撕下來，裡頭的書頁折得亂七八糟，彷彿那本書在路上遇到德州電鋸殺人狂或是在夢中遭遇猛鬼佛萊迪圍堵，再悽慘不過了。

經過客人翻閱後，書況欠佳退書也罷，然而有些店家自行製作退書狀況貼紙，上面印了許多退書原因，供店員勾選。原本立意不錯，然而貼紙的黏性卻很強，於是，張貼紙貼上去之後，竟然也變成了扼殺一本書的最後一根稻草。我曾經拿吹風機與那張貼紙對抗，然而再怎麼吹，那張貼紙怎麼撕怎麼破，最後連書皮都給扯裂了，當時我的內心十分氣憤，卻也無能為力，只能含恨地把書收起來。

老實說，一本書被摧殘得老態龍鍾，就此被丟進垃圾桶或是回收筒一命嗚呼魂歸離恨天也算是功德圓滿，怕就怕一本書老了、舊了、受了明顯的小傷，卻還不夠慘，所以沒辦法報廢，也沒辦法繼續上架，只能躲在倉庫裡面等書蟲來蛀。畢竟，新書就難賣了，受了傷的舊書怎麼可能創造奇蹟呢？

回頭書不僅代表商品本身受損，失去了商品本身的魅力，也連帶增加許多倉儲成本，有些出版社定期會銷毀一部分的回頭書，或是捐贈給適合的單位，以免倉儲管理費用壓垮了公司。最理想的狀況則是舉辦回頭書展。

常常在中山地下街看見一堆又一堆的回頭書展，有些書可能才推出半年，不料就成堆在那邊販售了。儘管有些讀者不嫌棄書況，在乎內容，然而能被帶回家的書終究是冰山一角，其餘的，在書展結束期間，還是會重回陰暗倉庫的懷抱。

或許你會問，如果書這麼難賣，為什麼要印那麼多呢？

以台灣的純文學書市場來看，獨立出版的詩集首刷印量大概落在五百到一千五百本之間，而華文創作書籍約莫在一千到兩千本之間，其餘的大眾書則會在三千本到五千本之間，以這樣的數字搭配台灣人口比例來看，如此首刷印量，其實不多。然而當今的閱讀習慣和以前不同，資訊稀釋、選擇過多，而出版社又因為必須降低印量只好增加書種，在供過於求的狀況之下，回頭書只會越來越多了。

除了賤賣之外，其實還有別的辦法：如果經費充裕，不需要仙丹妙藥，只要為書籍重新製作封面或是書衣，就能夠讓書起死回生。然而，對獨立出版而言，錢始終是最大的窘境之一，要重新為書本進行整型手術，實在是難上加難。

每次看到這些邊緣被蓋上印章，或是用鉛筆寫上店家名稱的書本，除了嘆氣，還是嘆氣，一方面不敢相信為什麼有人並不珍惜書本，恣意糟蹋，另一方面則是心疼這些受傷殘缺了的書籍，畢竟他們也曾經健康可愛，他們都是我們的孩子。

唉，不要哭了，爸爸帶你們回家。

「合縱就是結合弱勢者以攻擊一強，所以獨立出版社要手牽手走進台北國際書展」

獨立出版有許多先天上的弱勢，例如資金不夠、資源不足、苦守小眾基礎等，在書市上沒有強大的實質影響力，但獨立出版的優勢在於門戶之見很淺，只要主事者之間沒有太大的仇恨，就有合作的可能。

不同的出版社要如何拋開成見彼此合作呢？台北國際書展的「讀字系列」攤位便是最好的例子。

2010年的台北國際書展，一人出版社租了一格小攤位，同時販售南方家園出版社的書籍，隔壁的小攤位則由香港的點出版駐守。幾天相處下，他們互相提議把中間的隔板拆下來，讓兩個攤位合而為一，不僅方便聊天，空間也寬敞舒適一些。陌生的出版社透過攤位合作而變成好朋友，進而共享攤位，這就是隔年「讀字系列」攤位的雛型。

同年下旬，逗點文創結社成立之後，因為和一人出版相熟，也慢慢認識其他友好出版社，於是我們（一人、南方家園、點、逗點）一起進駐牯嶺街書香創意市集和簡單生活節，結成共同的攤位，互相介紹彼此的書籍。由於一起合作好處多多，不僅共同分攤文宣費用，就連攤位也因為聚集在一起而變大許多，更可以透過互相推廣書籍、交換彼此的讀者。也因為有這些好處，我們便一同討論進軍國際書展的可能。

台北國際書展有各式攤位，如果採取各自報名的模式，雖然可以擁有一小格，也沒有想像中貴，但是到時候位置一定都不太好，很有可能被一同劃到邊緣地帶，間接影響人氣。於是，我們這四家出版社決定，乾脆來做一個「書展中的書展」，透過租借中型攤位（六格），同時引介其他心儀的獨立出版社，集結眾家獨立出版社的資源，讓我們有能力與大型出版社競爭。

於是，2011 年的台北國際書展，化身為機場候機室的「讀字去旅行」攤位成立了，吸引了許多目光以及媒體注意，更成功打響獨立出版進軍國際書展的第一炮。

我還記得，當我第一次走進會場的時候，內心百感交集，一方面是「獨立出版的我」第一次入駐國際書展竟然就能在這麼大的空間擺攤，另一方面則是看見了其他更努力的獨立出版人，內心非常感動，也看見自己的不足。那幾天的時間裡，眾家獨立出版人不分輩分變成了好友，一行人彷彿參加了暑期夏令營的小孩子，忙東忙西但又抽空閒話家常，一群人坐在地上吃雞腿便當，偶爾也到別的地方發傳單，甚至也卯足了勁對讀者介紹自家或別人家的書籍，儘管疲憊，但內心之充實喜悅很難言喻。

我還記得那幾天由於忙著接受採訪、交新朋友、介紹書，因此兩頰肌肉痠痛無比，身體也覺得沉重。直到書展最後一天打包結束後，我和逗點人二號谷涵扛著文宣立牌坐客運回桃園，我坐在椅子上累得說不出話來，隔天發高燒同時喉嚨發炎重感冒，整整躺了兩天才痊癒。躺在床上時，我慢慢複習腦中回憶，還是不敢相信逗點能夠完成這些事情。

當然，只靠逗點一個單位，根本沒辦法達到這樣的地步，但透過團體合作，就是有辦法。

2012年的國際書展，我們則是把新穎、明亮的機場候機室概念轉為復古的台式火車站，將攤位命名為「讀字車站」。老實說，這是破壞式的行銷方式，算是一步險棋。

由於其餘各家出版社對於國際書展的目標不同，有的希望能夠推廣新書，有些則希望能夠透過折扣清庫存，若以銷售為考量，勢必得讓攤位維持乾淨明亮，務必要求動線流暢以方便讀者閱讀採買，文宣佈置則是大方得體有氣勢，於是大部分的攤位都像是超級市場一般，沒有太大變化。然而，就在這些窗明几淨的攤位之中，竟然立起一個兩層樓高的復古車站，不僅全部是用木頭搭造的，連標語、陳設器材等細節都不放過，全部古色古香帶著濃濃的台味。

就連早就看過設計圖的我，親眼看見車站時都忍不住發出讚嘆，更何況其他讀者或是出版同業發現如此與眾不同，幾乎帶有濃烈破壞性的視覺風格時，會有多震撼了。

這一年的獨立出版夥伴有老幹也有新枝，看著一群傻子一起努力工作談天說地，我除了感動二字實在生不出其他形容詞。畢竟我曾經以為自己作的是沒有人會在乎的小事，我們終將在這些小成就中逐漸衰敗連熱情都要磨損殆盡，然而，卻在這些人身上看見原來我們做的都是最重要的大事。有一瞬間，我幾乎都要相信，就算這個世界再也沒有人要讀書了，我還是願意繼續下去。（但這樣的感情就在報表的連續轟炸下逐漸疲乏）

書展結束的那天，我把書籍打包寄出之後，站在遠方觀看人龍不再的讀字車站，只見四周湧入穿著制服的水電工人，他們使用梯子爬上爬下開始拆除攤位的燈光線路，主場位的燈光逐漸暗下，文宣品也都被撤下來了。我忽然意識到魔幻時刻就要告終，夢也該醒了。我慢慢靠近讀字車站，如今也只剩下幾個老朋友在收拾場地，因為累了他們有一搭沒一搭地談話。

或許只想好好休息吧，我懂，真是辛苦你們了。

儘管處於弱勢，儘管總是為了銷售報表而差點捏爆滑鼠，但是一想到也有朋友遭遇和我相同的事情，資源或許更少的他們依然咬牙堅持著，我哪有資格喊苦喊累呢？

我想起書展那幾天創作者與出版人密集交會互相取暖的畫面，甚至還記得幾位前輩的勉勵，一想到下次見面又要一年，又擔心是否會有出版同仁無法抵擋書市的競爭而垮下，內心不免覺得惆悵，然而，我們也只能懷抱著溫度回到名喚現實的戰場，在下一屆國際書展到來之前，各自努力了。

下一次，下一次我們也要繼續手牽手走進台北國際書展，然後一起坐在地上吃便當，然後在發傳單遭小屁孩無禮抗拒的時候在心裡面偷偷罵髒話喔。

2017
0920

《飛踢，醜哭，白鼻毛》合約到期了，今天正式絕版。今天下午，剛好有一位讀者拿著這本書來給我簽名。我在上頭簽下，一起飛踢這世界，但其實我早就不確定自己還踢不踢得動。其實，已經好久不曾打開這本書蝴蝶頁之後的部分了。因為害怕自己沒有成功，沒有成為當初的自己所期待的未來的樣子。我好害怕背叛了當初的自己。

「走入對方的書——逗點與一人的『午夜巴黎』計畫」

小時候總要央求爸媽帶我到錄影帶店租日本的人形卡通錄影帶，拿到影帶之後興奮地插入錄影機，按下play鍵，等不及身穿五色緊身衣、頭戴安全帽頭盔的五位英雄變身，就在電視前面大吼大叫。劇情到最後，五位戰士總要駕駛由五架戰鬥戰機合體而成的巨大機器人，揮舞威風大劍，攔腰斬斷巨大化的怪物。

太帥氣了！

可能對巨大機器人的印象太深刻，團隊合作的精神就此烙印在我幼小的心靈之中。在開出版社的時候，在我尋覓各環節的工作團隊時，就覺得自己正在組織一個戰隊。之後，當我們集結獨立出版社一同前進台北國際書展時，我的腦海中也憶起這段回憶。

如果集結夥伴一同進軍國際書展，像是把幾個戰鬥機變形合體成一個巨大機器人。那麼，獨立出版之間的合作，還有什麼可能呢？直接把幾家出版社合而為一推出一本書，就像是《七龍珠》的悟天和特南克斯合體後所變成的悟天克斯一樣，有辦法嗎？

這個念頭一直在我腦袋盤旋不去，但執行難度太高了。

把各家出版社聚集在國際書展，遭遇到的困難比較少，只要招募出版社，然後設定上架規則就好，之間就是大家並肩作戰。然而，不同的出版社要合體出書，彼此之間又有不同的經銷商，光是配書就有問題，而且也不能夠隨便合作，總得碰上適當的主題。

太難啦！真的只能靠緣分。

之後，我在威秀影城巧遇膝關節，他問我：「你看過《午夜巴黎》嗎？」我搖搖頭，他說：「天啊，你怎麼可以不看！」一說完，立刻交給我一張劃好位置的電影票，又說：「看了你就知道了。」

故事描述失意美國小說家遊覽巴黎，總在午夜時分來到海明威與費茲傑羅等人同在的時空，在那裡，他見證了海明威與費茲傑羅的生命片段，也參與了那一個黃金沙龍盛世。看完那部電影，我在心中大叫：「真的太好看了！膝關節謝謝你！你真是好人！」

又再過了不久，我和一人出版社的劉霽到台中出差，意外在車上聊起《午夜巴黎》，不料立刻聊出好大的興趣，一整天都在討論完全停不下來這也未免太神奇了。我們有了一個鬼點子：「如果我們一個人出版海明威，另一個人出版費茲傑羅，把兩本書設計得像是同一個書系，書裡面也印上對方的書封，互相拉抬曝光，互相競爭銷量。這樣子玩會怎樣？」

沒想到，這個當初狂妄的想法居然在每一次見面閒聊的時候，逐漸長出血肉，慢慢變得越來越具體，最後真的變成真實發生的事實——我們稱這個跨出版社的合作案為「午夜巴黎」計畫。

確認要執行「午夜巴黎」計畫之後，我們先忙著翻譯文章，並且討論書中的形式。每次擺攤或是吃飯碰面時，我們的招呼語都是「你翻多少了？」然後互相砥礪對方無論如何要趕快翻完！不過，要太快也沒辦法，畢竟海明威與費茲傑羅的文風一個簡潔一個華美，可說是天平的兩個端點，又是經典作家，翻譯的功夫自然急不得。

此時，我們也和設計師小子開會討論兩本書的風格，畢竟兩本書要作成同一個書系概念，必須各自獨立，放在一起又能相互呼應，就畫面配置來看的確是滿傷腦筋的。

除了頁數相同、封面構圖接近之外，為了強化雙書以及作者間的對比，就連內頁紙張的挑選也是功夫：以黃色系和粗糙手感的內文紙張來代表經常曬太陽而皮膚黝黑粗糙的海明威，以白色系和順滑手感的內文紙張來代表喜愛參加夜間舞會而皮膚白皙細緻的費茲傑羅。

等到發行日越來越接近，我們一邊要準備書籍內容，一邊準備媒體宣傳，一邊則和通路一起討論上市方式（畢竟我們各自的經銷商也不同），如此複雜的合作案這不僅考驗兩個「一人出版社」能夠開多少分身，也同時考驗我們之間的默契。

總而言之，雖然沒有變成悟天克斯的狀態，讓兩個出版社的書變成同一本，但反而讓兩本書變成長得有點像又不會太像的雙胞胎，平日各自出門玩耍上學都沒問題，放在一起一看就知道是同一個家族的孩子。

在沒有資源的情況下，兩家獨立出版社透過緊密的合作方式來創造曝光機會以及注目度，不僅可以共享資源，就連成本也比以前少了一半，真的是非常好玩又划算。更重要的是，這兩本書的製作過程實在太有趣了！雖然翻譯過程中我和劉霽叫苦連天，執行時又害設計師小子推翻好幾款想法，但是我們一群人玩得非常開心。雖然書籍才剛上市，看不出銷售力道，但至少我們成功挑戰了獨立出版社之間的合作極限，這倒是挺酷的。

老實說，就在書籍送印前夕，我們又開始討論新的合作方式了。不知道這一次是否能夠再度把獨立出版的自由度推到極限，但我確定這會是很好玩的事情——好玩才有辦法創造出很酷的事情，這點真是不假。

「無論如何都要相信自己的直覺」

每一個人都有這種時刻吧？把車子停進停車格，獨自走在昏暗的騎樓要回家，總覺得心神不寧不知道哪邊出錯了，直到走到家門口才忽然心頭一驚大喊：「唉啊，我忘了拔摩托車鑰匙！」那一瞬間，一定全身雞皮疙瘩都跑出來，大腿後方還會一陣酥麻，要是刺激大一點，恐怕就要腳軟倒地了。

生活習慣如此，工作亦然。由於人手不足，又有定時出書的壓力，工作清單總是密密麻麻，然而無論再怎麼小心，還是會有漏網之魚。曾經好幾次，看到書稿上的某句話，雖然覺得怪怪的，但總覺得放一段時間再回頭看，可能會比較準確。誰知道，這些小問題一放都會放很久，就此消失在意識的夾層中，看見了也等於沒有看見，直到打樣完畢最後檢查的時候，才會嚇得要死，不知道如何是好。當然，也有許多時刻，雖然有小地方覺得怪怪的，但在龐大的時限壓力下，覺得應該無妨，或是就此遺忘，直到書籍印出來之後，才忽然發現：「天啊，那邊怎麼會這樣！」

雖說每一本書幾乎都有錯字，每次校對都是一場漫長的比賽，甚至可能永無止境，然而，也只能努力處理，務必讓成書盡善盡美。話說，我當編輯以來覺得最神奇的時刻，便是每次拿到剛印好的書，第一次隨意翻閱時（對，就只把書打開這個動作而已），常常一翻就翻到一個錯字。雖然這種狀態不是經常發生，但是綜合以前到現在的經驗，還是覺得很毛。我曾經問過其他編輯，發現也有人與我經歷相同的靈異事件。不知道怎麼搞的，這種毛骨悚然的滋味慢慢演變成編輯同事之間的惡趣味：把某人負責剛印好的書放在他桌上，等他一進門，便沉重地對他說：「怎麼辦，出問題了！」

此時無論心頭再怎麼淡定的編輯，都會嚇出一身冷汗。

總之，編輯過程中請務必相信自己的直覺，不要錯失任何一個起疑的地方，也不要太容易信任某些細節。不然，那些漏網之魚可是會進化成食人魚，放著不管絕對會出事。

經過了越來越多書籍洗禮，我越來越崇拜直（ㄇㄧˊ）覺（ㄒㄧㄣˋ），只要開始做某一本書的時候不太順利，我就相信未來將發生可怕的後果，於是便反覆檢視，有必要的時候，我還會去上香拜拜，務必要讓事情在一開始的階段就無懈可擊。

好像瘋子喔，對不對？（淚）

除了編輯校對之外，和其他環節的工作夥伴溝通時，我也十分相信直覺。如果與新朋友合作時，發現對方與我的磁場不合，那麼我下意識便會格外小心。然而，越是容易神經緊張的人，越是容易鬆懈，只要對方對我施以小惠或是給予我一個乍聽之下很有道理的解釋，我就容易上當然後鬆懈起來，直到事情過了好久好久之後，才猛然發現自己竟然被耍了。

沒錯，我就是典型那種被賣了還幫別人數鈔票的人啊！

（驕傲個什麼勁兒啊你這傻子）

無論是談合作結果在我釋出資源後對方單位消失無蹤、說好要簽約我也開始進行書的編輯流程結果對方逃約、都已經簽約了我也已經開始進行書的編輯流程結果對方毀約、說好要買我的書結果把書寄過去對方就再也沒有提起貨款的問題等，別人要花十年才可能蒐集完畢的人生悲劇，我兩年內都蒐集完畢了，難怪鼻毛白成這樣子啊啊啊啊啊。人生。

曾經有朋友告誡我：「你就是太容易相信人，才會那麼慘。」

這一點我很清楚，然而我始終相信沒有人會抱持著欺騙的意念來找我，儘管親身遭遇過太多事情，我的內心始終相信這個世界只有好人，沒有壞人。以我這樣的個性，開了出版社這樣必須將本求利的事業，要成為一個賺大錢的人似乎有點難度，想要維持生計，雖然有點辛苦，但應該還過得去。

其實，我能夠做的也只有相信直覺，相信人類的善意，然後盡可能不要忽略任何細節，不讓自己的專業或是出版社的書籍被別人看輕或是貶低而已。

我想，這世界大多數的人應該和我抱持著相同的想法吧？

是吧？

2017
1106

接到了騷擾鯨向海的讀者電話，閃到腰，去大廟抽了籤：「勸君耐守舊生涯，把定身心莫聽邪，直待有人輕著力，滿園枯木再開花。」

【終究還是媽▲寶▲一個】

兩年前（2010）的八月某一天，我和谷涵和我媽一大早拿著器材、拎著做菜材料，浩浩蕩蕩從桃園出發到台北拍攝《玩具刀》的宣傳用短片（當時稱為PV，poetry video）。到了六張犁站，我們和導演、演員、朋友會合後，就走到蔡振興教授的家（真是感謝蔡老師全家的幫忙），開始進行當人的拍攝。

為什麼會帶著我媽來拍攝呢？

初次讀到「我的短刃／從他的身體抽出便是長長的一生」這個用做篇名段落的句子，我便想到了我媽和許多人的媽媽：她們把關愛投注在孩子身上，沒有時間的限制，最後，我們得到了她們的人生，她們卻得到了孤獨。

劇本想法完成後，我們便和導演討論實際拍攝要注意的事項，然後討論到要找誰來演媽媽。其實我媽一開始並不願意入鏡，甚至主動詢問她所謂「長得比較漂亮、有貴氣」的親戚朋友，直到最後都找不到人，她才被我說服參演。

直到拍攝的前一天晚上，我媽還在客廳問我：「我怕造成反效果，要是演不好拖累你賣書，怎麼辦？」

「妳就幫幫我吧，拜託。」

其實那一部短片的劇情十分簡單，就是一個媽媽一早就出門買菜、做菜，然後女兒回來了，兒子也帶著孫女上門，四個人吃了晚餐之後，媽媽再送孩子們離開，之後穿著睡袍坐在沙發上看電視直到睡著……

拍攝當天，她在廚房忙著煮菜，輪到她拍攝時，便急忙上場，但演出往往一次到位，不需要刻意經營情緒，就達到導演的要求。之後，透過PV[1]看她在沙發上睡著的樣子，我不禁想起每次半夜從工作室回到家時，她便是穿著那件睡衣在沙發上邊打瞌睡邊等我。而她在廚房煮飯試味道，聽見門鈴急著應門的腳步聲，也讓我想起小時候每一次按門鈴，她急忙喊「來了來了」然後跑出來開門的樣子。

拍攝的時候沒有太多感性的時間，只忙著準備道具或是協助調整光線。拍攝最關鍵的母親在沙發打瞌睡的畫面時，我人則蹲坐在窗外鐵窗圍成的空間，一邊冒汗一邊拿著床單擋光，以製造夜晚的效果。拍攝完畢後，我們一群人吃著我媽煮的菜，一邊人笑討論這部片有奧斯卡女主角等級，我媽媽羞赧地笑了，然後招呼大家趕快吃菜。

說再多的話，還不如趁熱把飯吃完，我媽應該是這樣想的。

過幾天陪她一起觀賞影像成品的時候，我偷偷凝視著她，臉型、髮型雖然沒有太多改變，但臉上的皺紋和黑斑都變多了，已經不再是記憶中那個打人很用力的家庭主婦了。她一直搖頭說：「拍起來真的不漂亮，會不會拖累你啊？」我沒有回應，只是按下重播鍵說：「再看一次吧。」然後她就安靜下來，繼續看了一次，然後說：「很多人的媽媽都是這樣子吧。」

是呀，很多人的媽媽都是這樣子吧。

但很少人的媽媽到了六十歲還得拚老命陪孩子拚事業的吧？

過了一年，一樣是八月，由於沒有多餘經費處理《雙子星人預感》的手工包裝，我只好央求媽媽帶著兩個姪女坐車到中和的印刷廠幫忙做手工。就這樣，連續兩天的時間，她們自己該辦的事情都沒做，每天從事機械式的手工動作，為平行四邊形的書本裝上特製的書衣。我在旁邊看著，說不出話來，只能安靜做工。

又一年過去，一樣是八月，由於沒有多餘的經費處理《你是穿入我瞳孔的光》（藍光普及版）要插入書中的手工包裝信，又拜託媽媽帶著兩個姪女到工作室做手工。當時我正忙著翻譯、編輯海明威小說，沒有多餘的時間和她們談天，但是當我從小辦公室走出來倒水時，看見我媽媽戴著眼鏡包裝書籍的樣子，覺得羞愧。

當我的家人，真的好可憐。

自從逗點變成一人公司之後，我得處理的事情越來越多，也越來越晚回家。每次把車騎到家門口，剛熄火，就會聽見媽媽拉開紗門的聲音，然後從鐵捲門的隙縫裡看見她的身影急忙從客廳出來幫我開門。由於事情太多了，回到家還是會打開電腦繼續加班，她就坐在旁邊看電視，有時候甚至會看到睡著。

「十二點了，妳上去睡啦。」

「不要，我就是要等你上去我才要睡。」

媽媽早知道就算我告訴她再五分鐘就好，到時候我還是會熬夜到一兩點才去睡。久而久之，她便用這樣的方式威脅我不要熬夜，讓我不得不關上電腦，準備休息。該說她心機很深，還是太單純呢？

出版社開了兩年，終於有一些銷售較佳的作品，也有越來越多的曝光機會，但距離從容不迫的經營卻始終有一大段距離。望著滿是庫存書的倉庫和雜亂的帳單紀錄，我覺得心痛。照鏡子時，看到陳年的黑眼圈和急速竄出的白色毛髮，我覺得慌張。回到家看到媽媽戴著老花眼鏡幫我研究支票的周期，我只有深深的歉疚。

為什麼三十歲了還不會想，毅然決然放下穩定的收入和安定的生活？

為什麼過了兩年還沒有太多成就，除了書之外，什麼都沒有？

為什麼就是沒有辦法成為一個有出息的兒子呢？

偶爾，我會透過美食來表達我的歉疚，當然也曾開口告訴她目前的煩惱還有對她和我爸的歉疚，但是我媽媽總是冷冷看著我說：「你就是需要我幫忙掌舵，不然你成不了大事的。」

我想起兩年前，人在中國的老爸透過網路看了這支影片後，熱切地和老媽在Skype討論。他說：「妳最後抱女兒的時候，為什麼看起來不太自然？」老媽回答說：「我想到你和大兒子都不在台灣，很想哭，但不能讓小的看到，得忍著。」我才恍然大悟：明知道兒子踏入出版界很容易燒錢，一開始竟然還出版詩集（書店老闆曾經告訴她：我們不賣詩喔，現代人不會讀詩啦！），不論再怎麼擔心，媽媽始終不會表現出來，堅定地支持著我的夢想，要我不要害怕錢不夠……

如今，我的老媽寧願暗示我是個媽寶以顧全我的面子，也不願意用多餘的溫柔話語觸動我內心愧疚的按鈕看我流淚，我還能說什麼呢？

這就是我的媽媽，我沒有辦法回報她，只能好好愛她了。

▲註1：請掃描 QR CODE，觀賞《玩具刀》PV。

【如果這就是最後一本書了……】

世界末日書寫計畫《最後一本書》，終於印刷完成了，謝謝老天爺的幫忙。

早在策劃 2010 年《聖誕老人的禮物》聖誕合集時，「世界末日書寫計畫」就同時展開了，當時的想法，是每一年都要推出一本文學合集，盡可能收錄新銳作者的作品，透過有趣的主題企劃，讓更多讀者可以認識這些有潛力的創作者。

《聖誕老人的禮物》上市後，常常聽到讀者誇獎這本書很可愛，裡面的文章也很有趣，說他們從來不知道台灣還有這麼多（沒出過書的）創作新人。這也讓我們更有信心要製作世界末日合集，就算目前書籍市場上，詩集、文學合集、影評書這三項都被歸在比較難銷售的路線，但我們逗點一樣往前衝啊啊啊！2010年的時候，稿件就已經齊全，逗點卻始終沒有足夠經費來出版這一本書……總之呢，我不想等了，半年之後（期間內，我們又收入一些很棒的稿件），在同名電影帶來世界末日陰影的2012年，世界末日合集不再是空中樓閣，而從空想世界降臨，變成一本小小的，白白的書。

這一本書的編輯歷經了許多人之手，從目前人在紐西蘭的編輯谷涵與我，到跨刀相助的作家郭正偉，書本樣貌也因而有許多改變，從一開始準備走惡搞風的《世界末日大魔王》與《逃命吧，地球人》，到後來變成冷調寂靜的《最後一本書》，或許也反映了我對於書——或是說閱讀，或是說出版——的態度。

我曾經以為，只要有熱血，就能夠改變一些事情。誰說出版很困難？你看光是臉書上，就能找到那麼多熱愛文學的讀者朋友，他們熱情地討論著某些社會議題，轉貼某位作家的文章，讀者作者之間的互動如此熱烈，每一個作家出書之前的資訊分享，總是換來幾百個讚，這是過去從未有的現象。我們以為看見了希望。但終究，那些讚，那些轉貼，那些分享，並沒有對等回饋在書籍的銷售量上面。每次看見書籍銷售報表，內心總是很難過，彷彿這一些書，生來就已經註定被遺棄在幽暗之倉庫角落，靜靜地等待濕氣沾染身體，在還沒有完全被黴菌或黃斑覆蓋之前，就被投入熔爐銷毀。

對比之下，那些喧嘩熱鬧的臉書場景，彷彿是一個緩慢擴張的冷漠異境，我感受到背後的冰冷本質，卻無法拒絕那表面的光與熱——就算是假的也好，至少別人願意花那一秒鐘時間按讚在我（或是我出版的書）身上，至少有些溫暖。

久而久之，我也想通了。或許有些東西就是不合時宜又小眾的，例如文學，例如我回家路上那一家賣蚵嗲的小攤子。正如我無法接受蚵嗲的味道，所以連十元都無法掏出，那些不買某一本書的人或許也有相同的想法。再者，讀不讀書都無所謂，畢竟每個人都有自己的需求，只能說他們迫切需要的滿足，不在我這裡，我們就這樣錯身而過，不是誰的錯。

那一家賣蚵嗲的小攤子快二十年了，平時始終冷清，但屹立不搖。既然決定要做了，就只要想著如何營生就好，負面的事情就留給別人，我只要繼續向前就好。

儘管想開了，但內心始終有這樣的念頭：「真希望有人願意讀我出版的一本書，就算只有幾頁就好。」

於是，那一天夜裡，與編輯郭正偉爭辯了很久，我們終於決定，要把這一本世界末日合集的執行方向，定調為一本讓人方便閱讀的書，希望讀者可以回歸最純粹的閱讀狀態，至少讓他們面對末日時，可以好好地讀下去。

在設計師王金喵的協助設計下，《最後一本書》有了截然不同的樣貌。我反覆拆下或置換書衣，翻玩這一本小書，偶爾低聲讀出某些句子，但大部分的時間，我只是看著這本書，心裡有許多感慨。為了讓書產生透明感（同時也輕一些）而使用70磅的紙印刷了256頁，看起來有點多的七十五位（來自馬來西亞、香港、台灣）寫作者（還有林覺民、海明威等已故名家），與目前主流印刷開本有些格格不入的尺寸（12×19公分），設計上也擺脫逗點以往飽滿的顏色風格，連文案也寫得少，與先前的逗點不太一樣。這些小細節，標記了逗點過去與現在的樣貌，當然，也可能是終將邁入句點的預言……

老實說，在印刷廠看印的時候，我曾經有一度覺得這就是逗點的最後一本書，其他朋友聽了書名，也為我擔心。印刷廠總經理打電話給我說：「陳先生，你這書名……確定嗎？」編輯朋友寫信給我：「有忌諱啊呀，請慎重考慮書名。」甚至到印刷廠看印的當天，印刷廠總經理還說：「陳先生，我很想跟你一直合作耶。」我趕緊回答他說：「欸，我想我應該不會倒啦。」剛才我媽媽看到這本書，先是臉色一青，瞪了我一眼，然後質問我：「這本為啥物號這款名？」

應該不會倒啦。我希望。

那天在印刷廠，當我看著在印刷機器內，一張一張潔白的金鑽白牛皮紙，印上了銀色與黑色的文字，然後迅速堆疊起來，竟然興起想哭的念頭。這樣的感覺其實不陌生，因為每一次印書的時候，不管是哪一本，我總覺得那就是逗點的最後一本書了。我想起黃崇凱小說《比冥王星更遠的地方》中，那一名陪母親化療的文藝青年。他總在幻想中練習殺死母親，一次又一次的，以為這樣子就能夠在母親真正過世的時候，少痛苦一些。而我，似乎也做著相同的練習，儘管我早確定當我推出了（真正的）最後一本書之後，終將卡在惡夢與現實的邊緣，哭喊著要醒來，卻還是被黑夜包覆，看得見卻碰觸不到光。

我好害怕那一天會到來，但我也清楚不是每一件事情都是永遠的。只能繼續走下去，繼續向著光走下去。

2017
1114

會計剛走，看著營業稅數字，我覺得一貧如洗。（去賣肝好了）（肝硬成這樣只能燒烤吧吃起來一定很柴）

第二章 關於出版，我想說的是……

●●其實你已經在讀電子書了○

行動閱讀的時代早已經來臨，越來越多的捷運、火車、公車通勤族，埋頭使用手機，玩遊戲、看新聞，或是閱讀他人的臉書。智慧型手機以及平板型電腦的普及，也讓電子書的輪廓慢慢清晰，減輕了出版業者先前對於投入電子書市場的焦慮。

當大部分手機用戶已習慣在智慧型手機的螢幕上閱讀文字，閱讀的內容是否能夠跟上這些習慣，甚至是：出版社有沒有辦法跟上這一波閱讀潮流，重新啟動文學閱讀的可能？

根據幾家電子書廠商的數據分析，隨著行動閱讀載具（如手機、平板型電腦）的普及，電子書用戶正穩定增加。目前最受歡迎的電子書為圖文豐富的雜誌，二為言情小說。其中雜誌的讀者，多半透過 PDF 格式或是 APP 在平板型／家用電腦閱讀，也因為圖片豐富的關係，檔案較大，不適合手機下載。至於言情小說或其他以文字為主的書籍，則是透過 Epub 格式，檔案輕巧容易下載，方便在手機上閱讀。言情小說在電子書通路的流行，則完全反映了租書店閱讀人口的消費習慣，這也是一般文學出版社最容易忽略（卻最具影響力）的讀者群，而電子書通路特殊的「租借服務」，把手機變成租書店，只要十元、二十元，就可以把書籍下載到雲端書庫，然後仕——宛如電影《不可能的任務》中傳遞機密訊息的儀器——達到限制閱讀的時間期限後，檔案便消失不見，杜絕盜版可能。

在紙本書通路獨占鰲頭的翻譯小說呢？由於先前台灣多數出版社簽訂出版合約時，多半未簽署電子書版權，因此目前僅有少數簽署電子書版權的作品能夠登上排行榜，目前表現最好的，則是搭配了電影熱潮的《飢餓遊戲》系列，或是引發熟女閱讀熱潮的《格雷的五十道陰影》。

如今，電子書的通路需要更多的書，日益增多的電子書使用者，也會有相同的需求。在翻譯小說尚未大量進駐之前，華文文學書籍如果操作得當，的確有可能卡位成功，並且開發——相較於紙本讀者而言——更新、更年輕的讀者群。這些讀者們可能早就習慣在租書店閱讀輕小說，或是在便利商店購買口袋書閱讀，或許有一天，當他們的閱讀經驗逐漸熟成，也會想要閱讀稍具挑戰性的作品。這時，希望他們讀到的，是一本精采有趣的華文創作書籍。

當一個人能夠透過智慧型手機，進行娛樂、社交、求知、購物等日常行為，可以想像，閱讀的習慣也將在智慧型手機實踐。出版社（內容提供者）必須審慎思考，行動閱讀者能夠在電子書通路找到什麼樣的文本，而他們又願意願意花多少錢購買一本電子書。

在手機上閱讀臉書只是起點，而閱讀，沒有句點。

●來了！以書養書的終極宿命○○○

若是你經常關注出版資訊，或許聽過「以書養書」這個名詞，也經常聽到出版人把這個名詞掛在嘴邊。究竟什麼是以書養書呢？

簡單來說，「以書養書」有兩個層面，都點出了目前出版業的問題。

第一個便是「以暢銷書養理想書」，大家都知道，會跳進出版業的人體內多半含有太多的浪漫細胞，但浪漫遇到現實有百分之八十的機率會爆炸，因此需要（很大的）麵包支撐。一本書如果能夠賣完首刷，那麼就符合暢銷書的第一個條件：「回本」，若之後持續熱賣，這一本書的進帳就能夠支撐一個出版社先前或接下來的部分營運支出，當然也可以讓出版社出版一兩本「明知山有虎、偏往虎山行」的理想書。

但究竟要如何打造出暢銷書呢？內容必須讓大多數的人覺得「需要」，價格必須讓大多數的人覺得「合理」，然後還要有百分之八十的運氣。

到目前為止，堅守小眾市場的逗點，還沒能成功打造一本「大眾暢銷書」，但我相信唯有灌注愛才能讓暢銷書發芽，在那之前也只能苦撐著、一直澆水，等待奇蹟。

第二個以書養書的層面，則與讓出版人──尤其是獨立／微型出版──又愛又覺得「內個」的「書籍經銷制度」有關。就目前市場機制來看，出版社印製好的書需要透過經銷商發行，經銷商接手後，會負責一本書上市的各個環節，包含運輸、上架、退書等。對於出版商來說，經銷商等於是他們聘用的業務，當然會期待經銷商為他們爭取獲利空間。反之，對經銷商來說，出版商是供貨廠，他們也會期待貨源不會中斷，持續能夠有書推；雙方可說是共生關係。

寫到這邊，我發現如果沒有例子說明，我寫八千字都寫不完，所以接下來就以一本將在三月分上市的虛擬新書《玩具砲》為例，簡單說明出版社與經銷商之間的款項支付關係。

二月中，我把一千本《玩具砲》交給經銷商之後，他們會協助在三月初讓書籍上架。接下來，逗點和經銷商整個月就要瘋狂打書，希望能夠把這本書推進每個人的書櫃裡面。為什麼要整個月分卯起來拚呢？因為書籍過了一個月新書（蜜月）期，就會面臨第一波（也是最大波的）通路退書，發書量和退書量都會影響我們的收入。

假如一千本《玩具砲》交給經銷商後，可以收到十五萬的錢，但若下個月通路退回五百本《玩具砲》，貨款就只剩下七萬五千元。假若更早之前出版的《玩具槍》又有退書（第N批退書潮），我們的貨款可能只剩下六萬，但這六萬還包含一定比例的保留款，需要放在經銷商那邊，畢竟他們也會擔心出版社倒掉，所以加加減減我們的貨款可能只剩下四萬八千元。

呼，終於算好了，那我們什麼時候會拿到這四萬八千元呢？照理說是四月。但如果四月分逗點沒有新書，先前退書的帳款會讓帳面數字變成負的，除非有新書或是奇蹟出現，否則五月分我們就沒有收入。

所以為了要有穩定收入（通常不是現金，而是開票），很多出版社就必須每個月都推出新書，才有辦法維持支出，這也就是「第二層面的以書養書」。

寫了這麼多字，才終於帶出重點，別說你讀了辛苦，我也寫得很心酸啊！畢竟這些印出來的書並不保證都會賣出，假如一直沒有暢銷書出現，所有白花花銀子印出來的書本都會變成拖垮出版社的債務來源（一本書不含版稅，光工錢和印刷成本加起來至少十萬），說有多可怕就有多可怕。

或許有人會批評這樣的制度有些問題，但在商言商，出版社、經銷商、通路每一方缺一不可，各自也都有員工要養，在不拖累別人的狀況下，自己只能想辦法照顧好自己。換個角度想，許多讀者應該沒想到，只不過是在實體／網路書店買了一本書，竟然能夠影響這麼多人的生活吧？

如果不會太麻煩，每個月都買一本書吧？

如果有太多書想看，然而錢卻不夠，畢竟這年頭什麼都漲價，只有薪水沒有漲。那麼，不如寫信給鄰近的圖書館，請他們採購這些書吧。畢竟你的稅金早就已經繳了，可不要白白浪費。

●●〇我就是愛賭博，請不要斬我的手拜託您

上個禮拜剛收到2012年上半年度的三大迴路報表，按照慣例，我把報表轉交給陳媽媽看，我媽鄉土劇看到一半，瞥見報表上的數字頓時臉色一沉，用淒厲的目光瞪著我，正要開口的那一瞬間，我便幽幽對著她唱：「Don't speak. I know what you're thinking... Don't tell me cuz it hurts.」[1]

「你不是說某一本書一定會賣！」

「是啊。」

「但為什麼沒有賣？」

「因為——」

「下次出一本你覺得不會賣的吧。」

「什麼？」

「覺得會賣的，都沒有賣，那覺得不會賣的，一定大賣。」

「那我幫妳出書吧，媽媽。」

「惡臣孽子啊你！我真真怨恨你。」

唉，媽媽的恨有時很深。[2]

• 1.歌詞引自No Doubt的〈Don't speak〉。

• 2.〈媽媽的恨有時很深——致布靈奇〉，收錄於《葬禮》。

如果我要幫我媽出書，應該會出一本食譜吧，畢竟我媽煮的菜異常好吃，非常腳踏實地（down to earth），應該比較容易引起共鳴。但言歸正傳，在逗點即將邁入兩周年的這個時刻，我把這兩年的報表全部拿出來比對，發現其實也沒那麼糟。有幾本書實銷破兩千本或更多，其他有些雖然沒有破千，但大多數都達到了預定目標，沒有達到目標的，應該是我們當時不夠努力，未來再來想辦法清出去就好。

講歸講，我還是把希望放在未來，腦袋始終高速運轉著，希望可以找出一本真正擲地有聲（鏘鏘，不是噗通）的大書，透過絕佳銷售一舉扭轉劣勢。

「每次都說下次就會大賣，你這種心態，跟愛賭博的人有什麼差別？」我媽對我說。

天啊，沒想到我媽媽也已經進化到鄧惠文醫師的程度，難道要捨棄食譜書的計畫，為我媽媽出一本《出版社董娘告訴你，五十歲之前一定要學會的，看清兒子真面目的軟實力》的精神分析兼勵志書嗎？（吼唷，這書名真長，應該中等會賣，賣座機率約為47.434%）

我媽說得沒錯，每一位做出版的人都是賭徒！想想作文化事業的人都在賭博，難怪一整個國家的人都賭性堅強啊，這要如何是好？（右手背拍左手心三下）

我們的字典裡面，從來沒有「見好就收」這個詞，我們對於每一次出手都信心滿滿，畢竟那是我們的信念，我們存在的價值。如果不相信一本書能夠帶我們去遠方，那我們憑甚麼要其他人也相信，然後把書帶回家呢？

雖然不是每一本書出版之後，都會步上我們所期待的道路，正如同我媽媽絕對想不到她這個曾經修過教育學程、當過英文老師的兒子，如今竟然變成一個賭徒。

但，如今我們都活得好好的，只是等待著機會，等待著各種愛的可能，等待能找到屬於自己的地盤，一個小小的棲身之地。

書也是一樣，很努力地活著，每天在書架上期待，會有一個人把它拿起來，輕撫它身上的塵埃，如果緣分來了，就會把它帶回家。

你呢？你是否也和我們一樣，有相同的心情呢？

我知道有夢最美，理當在剛才那一句收尾，但我忽然想到曾在電視劇看過，某賭徒為了悔改，結果拿菜刀斬斷自己的小拇指，然後又賭了，結果一斬再斬，最後還不出債，整隻手都被地下錢莊的兄弟給斬下來啦！

要是哪一天，我和你在街角相遇，你發現我的手指頭少了一根，我想結果就很清楚了。請不要說什麼，就這樣走過我身邊，假裝我們是（最熟悉的）陌生人就是對我最好的安慰了。（含淚微笑，點點頭）

在那之前，我的賭性依然堅強，咱們下一本書見。

●●●●有些事情不是按讚就行了○

當臉書變成了多數人每天必讀的書籍，食衣住行幾乎都和它有關聯，很多苦惱和焦慮的事情就會冒出來了，比如說，到底該不該按讚？讚又該怎麼按，別人看到了才會覺得合情合理不至於敷衍又討人喜歡？（天啊不過是一個網頁按鈕而已，哪來那麼多內心戲啊啊啊啊啊！）

由於「讚／like」的字面意義侷限了我們的情緒表達，於是有人加入連署「要求facebook新增幹／dislike鈕」的活動頁。但問題是，不喜歡某篇內容，不要按讚不就得了？更直接一點，也可以直接留言說：「唉額～好不蘇湖。」

臉書上除了陌生網友，大部分還是自己人吧？要是真的出現幹鈕，一定會引起軒然大波。例如有一個身心俱疲的朋友，終於透過整形變臉，擺脫了可怕的前夫糾纏，就此展開新生活，並在臉書上po了一張照片，附註說明為「離開那ㄍ人，我ㄉ人生終於有繼續下去ㄉ勇氣！尼棉看，我ㄉ大頭狗自拍照超口愛ㄛ啾咪！」結果被按了一百個dislike，這要如何是好？

上述的狀況讓人想起國小時候隨時擔心被霸凌的慘狀，話說小小彬連霸凌兩個字都不會寫，臉書上竟然出現他的「反粉絲團」。一想到整整七萬人輪番上陣用文字霸凌一個連臉書都不會上的小孩子，我的頭皮都要發麻，這會不會太誇張了？

雖說有些不讚的事情不用按讚，但我也曾遇到有朋友在臉書上寫：「沒來按讚，也沒來留言的朋友，捍快刪除我吧！反正我們沒有交流。」為了解決這個困擾，越來越多的人習慣把「讚」當作「已讀／閱／可／准／丙」等用途，讓朋友不會覺得自己缺席。不料，昨天晚上，我就聽到某詩人說：「夭壽，我這個用讚來當作『已讀』的壞習慣。剛剛臉書朋友分手，顯示為單身我也給人家按下去（囧）。」不只如此，也曾有讀者寫信給我說：「我每次都偷偷看你的臉書，不敢按讚，怕你會覺得我是無心的，隨便按按而已。」按了怕人覺得敷衍，不按又怕人覺得自己驕傲，隨便按又會惹出麻煩，這樣子到底是該按還是不按呢？

此外，由於臉書的社交威力驚人，其中的各種功能也變成了行銷的商機，店家成立粉絲團，希望透過分享、按讚功能，實踐病毒式行銷的最重要一環，實體門市提出「在本店打卡得享招待」，原本舉辦party用的「活動頁」變成舉辦行銷活動或講座的「報名頁」甚至是「連署網頁」。總之一個只出現在螢幕上的社交網站，掌控了巨大無比的商機。

但是，有些事情不是按讚就行了。

我想到有一個朋友說：「我辦了孩子的滿月派對，按『參加』人數超過二十，害我急忙再加訂五千塊的食物，結果只有六個人來。逼他們一人帶一袋菜回家，還是剩下一大堆東西塞滿冰箱吃不完還臭酸，我老婆把我罵到臭頭，氣死我了。」

這樣的慘境也曾經出現在逗點的書籍活動，我們曾經舉辦了一個活動，上頭按了「參加」的人有一百二十多個，我還擔心場地會不會太小，要不要緊急更換，不料只來了二十個。經過幾次的數學換算，我大概得出了一個公式：「實際參加人數等於按參加人數乘以六分之一」，真的挺準的。至於來參加活動的讀者，會帶書過來或現場買書的人，大概又要再打個幾折。

話說我曾經辦過一場七十多人的書店活動，提問時間反應熱烈，不料講者一說完：「謝謝大家。」一群眾立刻一哄而散（可媲美哥吉拉登陸東京眾人攜家帶眷逃難的壯觀場面），最後只有三個人買書。人生。

曾問一個按「參加」但沒有來的朋友，他說：「想說就給你加油打氣，衝點人氣啊！不然別人看到參加人數那麼少，一定不想參加。」另一個沒有按讚也沒有參加的朋友則告訴我：「看到參加人數那麼多，怕過去占位子，所以就沒參加啊。」

天啊，這到底叫人如何是好？

我想起了某位從事音樂相關工作的朋友，曾經抱怨：「索取公關票的人一大堆，一大堆人寫信來說能不能夠再開場次，結果實際出現的人很少，位子空了一大半，樂團的臉都綠了。」

是啊，曾幾何時我們都忘記這種基本禮節了。

不過，對比活動參加與否這件事情，身為出版方的我，更是在意書籍的銷售。我曾經接過一個投稿稿件，該作者在行銷處上面寫到：「我的臉書朋友超過三千。」當下我好想寫信告訴對方：「唉，尼真是太傻太天真惹。」

每次，只要某個作者朋友要出書了，在臉書上公佈新書封面，就會換來驚人的按讚數字和留言數，當然也會有很多人轉貼表示期待。曾有出版社朋友告訴我：「××老師說要告我們坑他錢，說他臉書新書資訊按讚都超過三百，怎麼可能前兩週還賣不到一百本？」逗點裡面也有很多書的按讚數很高，但首週銷售與按讚數有很大差距的現象。經過這麼多本書的磨練，我已經看開了，按讚就是一場風花雪月的事，醒來的時候，作者還是只能緊抱著自己。

寫到這邊，正在思索該如何結尾的時候，有朋友從MSN[1]傳訊給我說：「快幫我成立的粉絲團按讚，沒有湊到多少人，我會被老闆砍頭。」

然後，我就按讚了，說不定你也可以按一下。

• 1.曾經是大家網路聊天最好的夥伴，如今也掰了。我的青春也一起掰了。人生。

●●●●●我的好書不一定是你的好書○

實際在出版業走跳過後，經過銷售數字還有讀者反應的洗禮，我對於出版的想法多少改變了，也已經能夠成功地壓抑看到銷售報表之後，想要發出悲鳴然後翻桌的衝動——才怪。

最近有兩個很深刻的體悟，一個是「好書何其多，為什麼要買這一本」；第二個則是「什麼是好書」。

第一點與我的出版觀「書出版後所必須擁有的商品價值」有很大的關係。現在的好書太多了，不僅國內外作品都是以驚人速度推到書市，專攻某閱讀領域的讀者也有很多選擇，例如喜愛奇幻文學的讀者，除了「繆思出版社」之外，還可以在其他出版社看見相關的奇幻文學作品。如果一個消費者的錢只能買一本書，他或許就有下列的考量：支持作者、支持故事、支持包裝、支持品牌等，這時候就像是俄羅斯輪盤，看哪個中的。

幾個購買因素隨機上陣之下，也會影響出版社的成本考量，例如是否願意培養新人作者（或直接找有知名度的作者出書，或是去挖角別人培養得很好的新人）、直接找外國排行榜長紅小說、或是把出版領域結合美學的概念去嘗試各種包裝等。

老實說，台灣的書籍包裝功力驚人，不輸其他國家。當讀者對於書籍美感的要求越來越高的時候，如果經費有限又沒有特定要買的書籍，那麼在相同條件之下（作者知名度差不多、作品質量差不多），絕對會購買包裝或是文案比較精美的那一個。這是很基本的消費者心態，我也是如此。

有時在書店看見了一些驚人的作品，包裝看起來卻十分兩光，就讓我覺得好慘，好像被糟蹋了。我相信作者如果能夠決定，應該也不會想要讓封面變成那樣子吧？不過，我也曾聽聞某些慘烈的封面原本都很美，卻因為作者或是出版社老大的要求修改而墜入地獄。這，唉，就這樣子吧。

當然有讀者或是同業認為書還是要以內容決勝負，的確，內容才是書的骨架。然而，在如今已經稍嫌扭曲的書籍銷售生態中，如果沒有辦法在視覺上吸引讀者目光，再以強勢文案迫使讀者產生興趣打開書本，一本書可能完全沒有勝算，就此沉沒於書海。設計師小子曾說：「一本好書，難道不值得美麗的封面嗎？」這句話也十分有道理。有了好的內容還不夠，還得搭配一樣好的封面與文案，才能夠完整呈現一本書的精神，讓消費者一看就知道這本書在談什麼，而決定要不要把書拿起來。不談藝術的面向，只談書籍推廣，好的書籍包裝也是出版社不能迴避的商業考量。

那什麼才算是一本好書呢？

我覺得這與「讀者期待／目標讀者」有關。我們都期待讀者可以讀到好書，不過要未經訓練的讀者立刻接受閱讀門檻較高的作品，的確是有點困難。

若能把一些較簡單（或藝術成就上沒有絕對優勢）但本質上不錯的書先介紹給他們，或許就有機會「養」到一名讀者，以後再把更難的作品推薦過去。如此作法對於推廣閱讀，以及維持出版多樣性來說，似乎比較實際。（這其實也是很天真的想法，但我始終幻想，說不定會有九年級生或是從來沒有讀書的人，會願意翻開逗點的書啊啊啊啊啊！）

身為純文學書的編輯，我經常在朋友圈子裡聽到他們譏諷有些賣得極好的書為爛書，有時候看到某些「奇異」的書種，我也不免懷疑該出版社是玩真的嗎？不然為何會玩出這麼令人想要尖叫的書？

不過，老實說，每個人都有自己的菜，有些事情勉強不來的。

編輯《御伽草紙》時，我曾經以為每個人都應該聽過太宰治，好歹也會聽過「人間失格」這四個字，畢竟該書曾改編成電影、日劇，而且這位無賴大師非常紅啊。書籍送印前，我嘗試性地問了好幾個國中、高中同學，或甚至從事記者、醫生的朋友，不料，其中沒有幾個人聽過太宰治或是《人間失格》。甚至有一名當老師的讀者，聽見我建議把《御伽草紙》列作高中生暑期讀物時，很驚訝地說：「太宰治不是那個和自己母親亂倫的人嗎？這樣不好！」我的老天，她究竟看見了哪一個太宰治啊？當時的震撼直到現在我都還記得，更不用提在某國立大學演講時，台下八十多個人，竟然沒有人聽過台灣中生代重量級小說家們的名字……

除非親眼所見，並且願意承認，我們才能理解自己的世界還存在別人，我們有我們的需求，別人也有自己的需求，有些東西是難以交換而幾乎是平行無交集的。

我經常在火車上看見戴著口罩的女性讀者，翻開書皮上寫著「總裁」兩個字的小說，她是如此專注，以至於我都能感受到灼熱的情感在她身旁奔流。我也曾看見通勤上班族拿著英文學習雜誌猛背單字，一邊拿著手機查生字。我甚至親眼見證一本關於減肥的書籍徹底改變朋友的人生。

如果有人能夠因為一本粉紅色書皮小說而換得三小時與總裁相處的幸福時光、閱讀一本奇幻輕小說而開始相信我們的世界存在著其他象限，或是透過一些實用書籍而學到某些應對技巧或是美好體態，都是很棒的事情。畢竟每一個人都有自己需要的書，不太需要去否定他人的讀物，只要願意讀，並從中獲得感動，都很好。否定其他人的需求，並不會讓自己變得更高尚一些。

不過，偶爾看見太誇張的書，還是會忍不住咒罵個幾句，畢竟編輯也是人當然也有七情六欲等各種缺點，唉，請原諒我。

回到逗點的出版狀況，我真心認為選定出版品是一件很難的任務。我經常聽見讀者們的不同想法，順從了這個就會得罪另一個，出了某本書又會讓某些讀者不滿意，出了某本大家一致叫好的書結果一點也不叫座，曾經有好幾次都要迷路了（然後一直走到不賣的那一條真是氣死我惹真想捍爆滑鼠），但也就懵懵懂懂地走過來，大概越來越清楚自己要的，以及期待的讀者樣貌，以後應該很難讓人左右了吧。（苦笑）

話說，最近看到陳媽媽專心鎖定寶傑哥的節目，她在沉迷忘我之際，還不忘提醒我地球末日或是外星人的警訊，也讓我感受到母愛之光輝無私。在那個時刻，我忽然想要多做幾本自己滿意，然後我媽媽也可以看得很開心的書，那應該也很棒吧？或許，下一次就能夠推出《那些古文明圖騰都是外星人教我們的事》……

●讓獨立出版人哭哭的事情○○

開出版社很容易，只要有錢、有人、有電話就可以搞定，但要開一家可以持續經營的出版社就難了。在這個閱讀習慣大幅改變，電子書發展卻又不成氣候，導致原有紙本書銷量萎縮的市場，大型出版社只能靠著集團資源硬撐，獨立出版社則是難上加難，等到錢燒光了，很容易就倒閉。

於是，目前的書籍市場幾乎都是打團體戰，或是透過強勢的品牌形象去帶動銷售。獨立出版則因為有不同的經銷以及路線，大多各自為政，也因為多半經營小眾市場，於主流市場的知名度低，沒有辦法在媒體爭取到足夠的曝光，更不用提經費問題，沒有辦法在通路製作特殊陳列或是露出了。

由於目前書籍的銷售周期越來越短，書籍印量減少，出版社為了維持營生只好用更多書目來以書養書。如此生態造成了一個可怕的事情：書籍推出了卻沒有人知道，又在一個月之內消失得無影無蹤，幾乎成了無人知曉也無人協尋的失蹤孩童。

於是，現在的長銷書多半是剛出版便擠身暢銷排行榜的書，或是實用工具書如英文學習書、健康書等。其他的書籍，多半是一個月決勝負，頂多透過行銷操作，在網路書店拉長銷售壽命到兩個月。但如果這兩個月內都救不起來，那麼也只能擦乾眼淚繼續準備新書抗戰了。

在新書銷售的周期內，每一家出版社無論大小，都有公平的比試機會。有時候，小家出版社的書籍在銷售上也有可能勝過大型出版社的書籍，但是時間結束後，除非表現「特別」亮眼，得以繼續在新書平台區或是各類型書籍的平台區存活下來，否則就像打扮華美的灰姑娘在魔術時刻結束後，終究得回家打掃一樣，就此進入留下單書插入書架、其餘退回經銷商的局面。

正所謂戲棚下站久了就是你的，如果在通路上有持續曝光的機會，就有可能延續書籍銷售的周期。於是，一般中大型出版社每隔一段時間便會集結自家的書種，在實體、網路書店舉行各類書展，以一兩本強勢新書當領頭羊，搭配三本七五折或是滿額禮，帶動其他舊書的銷售。舊書也有機會在書展期間曝光，增加能見度，就算讀者沒有在某通路買下，至少知道了這一本書，以後便有機會。

不過，獨立出版因為書種少，印量也少，很難在通路舉辦書展。以逗點為例，逗點的書目約莫三十本，其實不少，然而其中大部分是印量很少的詩集，假如要在通路上舉辦書展，撇開印量較高的小說不管，其他的詩集倉庫存量可能不夠應付通路的下單量。外加我們沒有太多資源，沒有辦法製作周年禮物或是滿額禮，這的確是很吃虧的地方。如果書目三十本的逗點都有難處，那其他一年一書、三書的獨立出版，想要透過相同方式宣傳，豈不是更難了？

此外，獨立出版社的主事者或是編輯多半年紀輕，可能從來不熟稔同業，對於媒體更是完全沒有概念，想要爭取媒體曝光便是難上加難。於是，只能透過臉書或是網路宣傳，然而因為目標族群的固定，造成臉書一片狂熱但實際影響人數少之又少的狀況，無法把影響力發揮到小圈子之外的世界，十分可惜。

至於在平面媒體刊登書訊或是書評，則更要經歷一場生死搏鬥，畢竟這是一個好書數量遠勝於讀者的年代，又要搶時效性，那麼多本書要競爭少之又少的曝光機會，實在很難，通常不了了之。

沒有曝光怎麼辦？書還是得推啊。與其埋怨生不逢時，不如多想辦法開拓新鮮的行銷手法，把書推廣出去比較要緊。

寫到這裡，其實有點心虛，畢竟明明都知道問題在哪裡，但是有時想方設法還是不能解決。畢竟出書就像賭博，成功機率都是差不多低，消費者不買帳，你也無話可說。

有時會問自己：「要繼續撐到什麼時候呢？」

我沒有答案。不過，每個人都有選擇，每個人也都願意為了一件事情燃燒熱血，在種種選擇之下，獨立出版人的選擇是書，當然也只能奮戰到底，沒有其它的了。

●○你是我的嘴，擔任我們的發言人好嗎？

「景氣不好」喊了好幾年，但直到今年（2012）油電雙漲後，才引發了全面漲價潮，就連便當、飲料、餅乾等民生必需品也不能倖免。三餐外食的讀者或許一天就少了三十元，一個月下來也幾近一千元，排擠了可供買書的預算。而近日又遭逢書市五窮六絕的淡季，報表不理想，就連自售點的銷售都慘兮兮，我終於意識到什麼是「景氣不好」的真正滋味。

近日，「集合出版社」、「基本書坊」這兩個以女、男同志為基本讀者群，本身的存在就是社運重要一環的出版社，接連遭遇難關，前者總編輯在臉書發出一封希望讀者買書而她不想繼續借錢出書的公開信，後者總編輯則是四年多來心力交瘁卻得不到太多回應，也開始心灰意冷。比對「女書店」先前發出的公開信，信中訴說「五十個讚比不上一句真心的回覆／拍照打卡比不上實際在這買一本書」，一語道破了網路海市蜃樓背後的荒蕪沙漠。

會作出版業、開書店的人，有一大部分是因為理想性格，希望把自己所信仰的價值，透過書的力量，慢慢傳出去。但台灣讀者不夠多，起印量一千五百本或甚至一千本的小眾出版社，通常只能賣出一半不到的書，很難存活。曾有讀者說：「不會啊，你們的書不是都有上排行榜？」是呀，出版社經常會以排行榜的名次來宣傳，但比對實際數字，只有心酸。

或許你會說，不被人需要的書，一救再救，到時候還是會消失不見，這是自然淘汰。但以「基本書坊」近日推出的《我願意做你們的知己：我的同志孩兒們》為例，作者老藕六十多歲了，透過微博傾聽、幫助那些無助的同志，發願當他們的知己。這樣的一本書，或許在一般通路沒有太好的陳列位置，但對於性別教育是如此重要的題材，或許就能夠拯救一個無助的、遭受性別霸凌的孩子免於無助之苦，難道不被需要嗎？

或許，一本書不是不被需要，而是不曾被看見。

一個月有那麼多的新書出版，要是沒有資源，無法定期推出全書系折扣書展，書籍上架之後便可能消失不見。更不用提在網路海洋中，新書銷售期結束後，除非有書展或是新聞露出，一本書幾乎就此消失不見。作書的人愛買書，也清楚一個月的新書那麼多，不可能叫讀者朋友都把書帶回家的道理。

苦無資源的小出版社，倔強、心急，卻又不願意為難讀者，該怎麼辦呢？

如果不會太麻煩，能不能變成我們這些出版社的嘴巴，擔任我們的發言人呢？

如果你看完一本書（就算是站在書店看完的也無妨，能夠閱讀一本書，都是很值得鼓勵的事情），讀完覺得很有收穫，或許你可以這麼做：

一、告訴朋友：和書合照、抄錄部分段落、直接說故事，讓朋友們知道這個大大的世界還有一本小小的書，值得去讀。

二、告訴網友：把這本書帶給你的感想，寫成短短的文章，張貼在各大書籍討論網站，並且同時把這篇短文章，投給網路書店（例如博客來於各書資訊頁上的的「我要寫書評」）。

三、告訴鄰居、同學：寫信給住家附近或是學校圖書館，向他們薦購這一本書，讓你的鄰居有機會看見這本書。如果你是老師，或許也可以請全班同學陪你讀這本書。

四、告訴媒體、通路：在通路購買，讓他們知道還有人需要某一本書。投書給媒體，告訴他們你想看見某一本書的評論或是作者採訪，不要讓更多人錯過這一本書。

該怎麼說呢？我們這些出版社都是不可愛的 Hello Kitty，內心火熱卻苦無表達方式，只能悶頭苦幹用書傳情。我們期待你變成我們的嘴，或許你覺得這不過是舉手之勞，真的能夠幫到出版社嗎？Yes，我們需要你，很需要你。

你是我的嘴，擔任我們的發言人，好嗎？

●來，大家一起把他推高高○○

由於習慣躲在各家書店裡面偷窺讀者的一舉一動，我常常聽到一些很令人尷尬的事情，其中最常聽到的一句話就是：「為什麼要出那麼多白色書皮的書啊，很容易髒耶，他們設計的時候為什麼都沒幫我們想一想？」由於敝人在下我也曾經出版過好幾本白色書皮的書，只好退到角落，無奈每次聽到都有如芒刺在背，非常尷尬。此外，第二常聽到的話，便是：「那個誰誰誰又推薦了，我覺得他的品味很奇怪耶，只要是他和某某某推薦的，我都不要買。」

一般來說，有三種推薦方式：推薦序、推薦短句、列名推薦。早期的文學書籍出版，通常只有第一種模式，也就是請知名人士撰寫推薦序文，然後在出版當日或前夕於媒體刊載，當作第一波造勢。之後，因為資訊爆炸導致的媒體稀釋，書籍越來越難賣了，光是有推薦序文還是不夠，於是慢慢演變成列名推薦或是撰寫推薦句子的方式，邀請各領域的知名作家協助推廣。

雖然有些人對於推薦句或是列名推薦的作法嗤之以鼻，但身為讀者的我，卻很喜歡閱讀推薦短語。因為比起讀完一篇文章要花的時間，只要花一分鐘就能讀完短評，立刻知道這些知名人士對於一本書的想法和切入點，除了可以加快決定（是否購買的）時間，閱讀時也能參考他們的論點，得到更多樂趣。不過，也不是所有的推薦語都是好話，我也曾經看過好幾則話中帶話的反推薦。

實際踏入出版業之後，推薦人系統對我而言是很值得實驗的行銷方式。以伊格言的情詩集《你是穿入我瞳孔的光》為例，當初在尋找推薦人的時候傷透腦筋，一方面是他的前作《噬夢人》的科幻硬派形象太強烈，二是小說家的詩集應該要找詩人推薦還是小說家推薦比較好？當時，書籍的定位是「重返創作原點的（年輕浪漫的）伊格言」，因此我決定除了找原本文藝圈的知名人士之外，也要找年輕創作者甚至是獨立音樂人一同列名推薦，並在邀請的時候便告知受邀者：「請不要撰寫太文謅謅或是氣勢太強的推薦語，放輕鬆就好。」至於原本就認識伊格言的作家們，則是希望他們透過幾句話，讓讀者知道伊格言私底下浪漫的樣子。

於是，十則推薦短語都帶著很特殊的口氣，也曾經引起一些讀者在網路上討論其中幾則短語，甚至有讀者當面向我反應：「玩具刀寫的也太好笑了吧，我就是為了他寫的那句才決定買的。」——你看，我的編輯有沒有很有才？（快多給我一點行銷資源吧，刀兒大大！）

我也曾經和某同業討論過推薦式行銷，他提到：「要就直接列名推薦，才不要找人寫推薦短語或是短序。」

「為什麼？難道你不覺得這樣可以讓讀者參考嗎？」

「是沒錯，但會增加工作複雜度，太浪費時間。此外，你看過某某某和誰誰誰寫的推薦語或是推薦序嗎？你可以想像他們的推薦序完全沒有內容，然後最後一句來個『大賣要請客喔哈』還有『賣不到多少就阿魯巴呵』嗎？你知道我當時花了多少時間才把那個序改成有氣質的樣子嗎？」

「我的老天，我還以為他們是很有內涵的……」

「不，你永遠都不知道會收到什麼樣的東西，所以還是做簡單的事情就好。」

那我還真幸運，至今收到的推薦短語從來不曾走鐘，謝天謝地。

話說回來，一般讀者或許以為出版社不過是希望透過推薦人的背書，讓一本書更值得被帶回家，純粹是商業考量。其實出版社針對某些書所列出的推薦人名單，藏著許多玄機。

一方面是設定讀者群。假設有一本純文學小說的內容是一名樂團主唱的愛情故事，那麼在推薦人的名單組合上，純文學作者名單會少一些，而以搖滾樂手為主，一方面強化書本的形象，另一方面則是把鎖定讀者群擴大到音樂圈。也就是說，透過推薦人名單的組合，能夠催化一本書的定位，操作得宜者，甚至可能變成某領域非讀不可的書。

另一方面，則是推廣新人。出版人遇到喜愛的作者，總希望能夠推一把，然而礙於財力及資源，沒辦法幫所有喜愛的作者出書。但至少，當自家書籍在擬定推薦名單時，可以趁機安插幾位心儀的新銳作者。儘管他們的知名度不如知名人士，但透過與其他知名人士並肩推薦，就有機會被更多人看見，如果其中還有幾個有心人，或許就會開始上網搜尋資訊那些新銳作者的資訊，這也是好事一樁。

此外，近年來，由於讀者們的審美觀提昇，書籍裝幀也越來越美之下，設計師往往成為讀者眼中的知名人士，甚至擁有各自的粉絲。因此，出版社也會透過與設計師合作的方式，藉由設計師的知名度來推廣書籍。

老實說，推薦人和書腰一樣，對於書籍銷售並沒有決定性的影響，沒有人知道做了是否會多賣幾本，但完全不做似乎也不行。或許有讀者對於這樣的機制存有疑問，但對於書籍的推廣而言，我相信還是有其存在的必要。

換個角度想，這些願意撰寫推薦短語或是列名推薦的作家或名人們，都是熱血無比的英雄，畢竟列名推薦或是撰寫推薦短語都沒有錢可領，頂多只有一本書的酬謝。在沒有實質收入的情況下，他們卻還願意拿出建立多年的信譽相挺，只為了讓一本書增加一些機會，能夠讓更多人看見。這不是一件很浪漫的事情嗎？

謝謝所有願意推薦書籍的人，包含那些在最後寫下「要大賣喔哈」的朋友，因為你們為一本書灌注了善意，而這些善意，終究也會凝聚成一定的能量，讓書走出去。

下一次逛書店，別忘了研究一下推薦人名單，說不定你會發現某一本書隱而不顯的故事。

其實他沒有那麼難搞，真的●●●○○○○

踏上編輯這條路之後，接手過三十多名以上的作者，其中包含得獎無數的創作人，也包含了誨人不倦的教授，雖然和同年齡的編輯相比，我負責過的作者數量算少，但也算大概了解編輯、作者的互動之道。

與那麼多人合作之後，深深覺得遇到一個好作者需要福氣，然後，也在心裡面告訴自己，一旦遇到難搞的作者，都是我們的命。

什麼是難搞的作者？什麼又是不難搞的作者呢？

「那個誰誰誰不是很難搞嗎？你怎麼跟他溝通的？」曾有某同業詢問。

「他人超好的啊，不會很難搞啊。」

「可是他先前跟我們談出書的時候，說他不喜歡某種風格，還說不要某種文案，連封面也有很多意見，都還沒開始做耶。」同業說。

「後來呢？」

「我們就先放棄了啊。」

老實說，我覺得這一類會要求「做出來的書籍要有何種面貌」的作者一點都不難搞，反而是塊寶，因為他們很在意自己的作品，對於作品的特色也很有概念，不會天馬行空。遇到這樣的狀況，只要把作者提出來的地雷全部刪除掉，然後強化該書原有的優點，呈現效果應該就不會太差，而且過程中也不會有太多問題。

我們通常都會認為放手讓編輯去做的作者是最棒的作者，不過每個作者放手的程度也有差別。遇上百分之百沒意見的作者，編輯自然得付出更多的心力去執行。遇到了主動參與的作者，編輯反而有機會避免陷入盲點，這樣也很好。令我最害怕的，莫過於一開始都沒有意見，但執行到一半，甚至要送印的時候，卻忽然有意見的作者。

想像你要約一位好朋友去吃飯，你問他想吃什麼，他說：「隨便啊，你決定就好。」

「要不要吃牛肉麵？」你問。

「我不能吃牛耶，要還願。」他說。

「要不要吃臭豆腐？」

「好臭喔，看要不要吃別的。當然你要吃也是可以啦。」

如果是真實的我，可能會再列出幾個選項，但心裡面的我，則是想要直接帶那個朋友去吃臭豆腐，然後說：「你也太難搞了吧？」

先前，我曾經遇過一些狀況，書籍都已經做到三校了，作者忽然就寫信過來說要改書籍尺寸或是版面，也曾經遇過書都編輯到一半了，對方卻告訴我：「不行，這本書我決定不出了，因為還不夠成熟。」當然也有作者明明看過提案，之後卻對著我大罵定稿封面很難看怎麼會完全沒有美感之類的批評。

這個時候，我常常會想大喊：「有沒有搞錯啊啊啊啊！」然後硬著頭皮去溝通，趕快把事情解決，讓書準時出版。但到了這種節骨眼，雙方的脾氣都會上來，也很容易爆發口角或是衝突。

如此過程不僅痛苦更像是凌遲。不過，事情過了之後，冷靜想想也不會太生氣，畢竟這是人之常情，換作是我，也有可

能產生相同的焦慮。（轉頭問我的編輯）

一個人一輩子可能只有一本書，碰上有人願意出版，更是喜上眉梢。礙於人情，一開始可能也不好意思說什麼，但當一本書的模樣已經脫離自己的想像，在強大的焦慮及壓力之下，當然會興起「雖千萬人吾亦往矣」的決心來向編輯開口，幾乎就像要賭命去談了。

其實沒有必要那麼壓抑啊！

有意見，就說出來。當然，共識都是從彼此讓步開始：你很希望你的書封面上有一朵紅色玫瑰，但礙於設計美感，所以我們一樣放，但把紅玫瑰的比重縮小到不會太突兀。你很希望書頁數不要太厚，但目前版面真的很滿了，不適合再多塞字進去，可能我讓每一行多塞一個字或是每一面再加一行，然後頁數會比你想像的厚一些些。然而，一旦達成了共識，就不要在下一次又輕易推翻。

千萬不要隱忍意見，因為一開始就令你起疑的東西，之後只會往越來越怪的方向演變，然後一直「可是瑞凡」下去。

然而，一旦達成共識，就要堅定執行，不要看到什麼好的元素就想放進來。很多時候，人只要有了選擇，就很容易搖擺不定。

在這邊舉一個設計師朋友的慘痛例子做為借鏡。他為某出版社製作書封，一次提供了三個書封提案，這都還在合理範圍之內。但是出版社希望他針對其中兩款進行修改，於是他修改後再提，由於發想過程中他又想到了一個新點子，於是又把新點子附上去，當作參考。不料，出版社編輯看了眼前的三個封面稿子，越看越喜歡，怎麼樣都不願意割捨，於是再請他融合三個封面的特色，再製作一款。之後，這樣的修改過程有如細菌在捷運手把上無性生殖一樣，一發不可收拾。設計師越作越累，編輯越看越生氣，眼看就要決裂的時候，編輯的上司決定要採用一開始的提案，之後只加了文案就送印了。

是的，繞了這麼一大圈，終究回到原點，而中間的魚雁往返及電話會議，以及對於這一本書的熱情，全都消磨殆盡、白白浪費了。

我想到有一位屋主只要看到喜歡的建築風格，就會把其中元素加上自己的房子，例如歐式巴洛克風格、日式極簡等，於是就這樣一層又一層堆疊上去，然而每一層之間可能隔了好幾年的時間，於是越上面的新樓層不斷冒出來，而越下面的部分則是更趨老舊。房子本身無法消化這些設計元素，加上每一次增添新元素時，都要再花費更多的金錢去維護舊的部分，於是就越來越複雜，越來越容易停擺，眼看完工之日已經遙遙無期，只好讓屋子繼續立在路邊，成了另類景點。

相同的道理，如果無法針對雙方的協議忠實地去執行，放任編輯或作者（有時候則是設計師）天馬行空，反覆加入新的點子，那麼案子很可能會非常不順，不僅投入更多時間、金錢成本，整本書也可能胎死腹中。

這種情況下，便不是難搞兩個字足以形容的。

出版一本書就類似集體創作，除了作者之外，還必須仰賴各個層面的工作者一同努力，才能夠雕琢出一本不辜負文本的書。因此，需要注意是否難搞的，並不只是作者，還包含了編輯、設計師、企劃等。一旦不能約束創意，或是讓情緒散漫而影響了工作，那麼難搞的便是自己，當然，自己也會被搞得很慘。

我們都不要變成難搞的人，共勉之。

●●●為什麼要開發新讀者？○

最近，經常和相熟的作者、朋友討論新的出版計畫，其中包含新的影評書以及稍微偏向生活風格類型的小品文集、設計類書籍。其他朋友聽了，好奇問道：「你們為什麼不繼續專心經營詩集，或是純文學小說就好，何必要開發新的路線，這不是很危險嗎？」

的確，每一次的新鮮嘗試都是冒險，但有時改變不得不為。

無論書籍的內容是詩、文、圖，還是小說，從文字稿變成一本書，便是要尋求讀者，與其溝通。因此，除了已排定的書稿（也就是最貼近出版社創設精神的作品）之外，出版社也會針對特定的讀者需求，再去尋覓、開發新的書稿或題材。

好好經營原本的讀者就好，為什麼要開發新讀者呢？

這不就很類似這一個問題嗎：我們固定在台灣周圍的漁場釣魚就好了，為什麼還要不辭勞苦，跑到菲律賓或是世界的盡頭捕魚呢？因為一直在同一個地方捕魚，魚只會越來越少啊！

以逗點為例，我們是純文學出版社，但台灣有非常多純文學的出版社，大大小小都有，如果我們總是針對相同的純文學讀者進行宣傳，其實也只是把餅越做越小，持續惡性競爭。畢竟我們自己也是讀者，遇到好幾本想讀的書同時出版，也只能就預算考量，先挑選一本。在這個書的生命周期逐漸萎縮的市場，一旦書籍被列入「下次再買清單」，就再也回不去了。除非等到下一波的書展折扣宣傳，或是其他因緣際會，否則是不可能再次出現於好的展示位置，被讀者發現。

適度地開發新題材，不僅能夠為出版社找到新的讀者，也能夠讓舊有的讀者朋友重新看見出版社的活力，是一件很棒的事情。

開發新題材，不代表出版社必須走全新的領域，以逗點為

例，身為純文學出版社的逗點，也不可能立刻推出食譜書或是英文學習書（儘管很想做），畢竟那與逗點目前的形象、專長差距甚遠，很難產生連結以及信任。（而且此舉有可能讓舊有的讀者以為我們狗急跳牆了）

假如目前我們擁有的讀者基礎，大部分來自純文學讀者，也就是文藝青年，那麼，最好的方式，便是慢慢地朝著純文學讀者還可能喜歡的東西去調整出版方向。一般的文藝青年可能還會喜歡一些議題性的書籍或電影，便可以此為依據，開發出議題性較強的純文學書籍，例如主題式文學合集、主題式影評書等。

另外，開發知名作者全新的創作面向，也是很值得研究的一面。以伊格言為例，他是一名小說家，只有少數人知道他曾經寫詩，寫的還是浪漫到不行的情詩，這便是一個很有趣的題材，我們出版了他的詩集後，除了對作品的正面評價之外，我們聽到更多類似的迴響：「我沒有想到伊格言這麼浪漫！」另一個例子，則是太宰治的《御伽草紙》。這一本書因為太好笑又非常機車，與太宰治代表作《人間失格》的作者形象相去甚遠，中港台完全沒有出版社願意出版，直到我們製作了才得以面世，之後，我們也經常聽到讀者說：「沒想到太宰治這麼搞笑！」

目前我們也還在籌備新的題材，希望能夠開發出純文學作者的全新創作面向，保留他們獨特的觀看視角和文字氣味，寫出相對來說比較容易閱讀的作品，吸引更多年輕族群或是相對來說缺少閱讀經驗的讀者，讓他們因為一本比較平易近人的書，認識一個作者，然後也因為這樣的緣分，而去閱讀該作者的純文學作品。

對我而言，創新的意義在於找出最熟悉事物的陌生面向。

為了能夠有新鮮的思考，一定要一直保有赤子之心，千萬不要認為一切的事情都是理所當然的。此外，創新不代表一定得走完全不同的路，因為放棄原有的優勢，絕對是最危險的一件事情。

希望有一天，你們會在新書平台區看見逗點出版的食譜書。若真的推出了，而且版權頁上還有我的名字（不是頂讓給其他人的話），那麼我敢保證，那絕對是一本非常酷的食譜書喔。在那之前，我要跟陳媽媽好好學習煮菜。

●一山還有一山高，一最還有一最強！○

先前提到，想賣書可不能裝紳士淑女，要就全盤端走，不要就什麼都別碰（I want it all or nothing at all）。不用殺手鐧，實在過意不去，所以很多文案的第一句都會以「最高級」開始，拿出 most 或是 est 字尾，一次就要把氣勢拉抬到最高！

20××年最值得期待的一本好書、最賺人熱淚的愛情故事、最生猛有力的動作場景、最受×國讀者歡迎的小說、最有效率的減肥法、最令人毛骨悚然的鬼故事、最驚天動地的××冒險……

天啊，都「最」到天崩地裂了，我們能夠不買帳嗎？

不過，人是可以一直挑戰自己極限的，像是蔡依林從一開始那個不太會跳舞的少女，忽然火力全開熱血沸騰在一連串挑戰人體極限的訓練之下，搖身一變成為可以在空中表演瑜伽體操動作的地才舞孃大藝術家。厲害！

而我們這些庶民，當然也有挑戰極限的潛能：我們用好幾張小朋友換來對「最」這個字的抗體，畢竟踩過幾次地雷，總是會學乖。忽然，你會發現，你的身體不再受到「最」的影響，然而，骨子裡每個理智卻想要血拚的細胞，卻都像毒蟲一樣呼喊著：「給我更強悍的刺激吧！」

然後，你發現「最最」，或是「激」（激瘦、激甜、激將法，咦？），或是「超」，這些感覺很像最高級但又沒那麼最高級，隱約之間又帶點東洋風情的詞全都跑出來了。同時，又有亞馬遜五顆星推薦掛在書上頭。哇塞，五星上將根本就是神等級了吧！你出發了，不料有一半的機率自爆，怒火中燒又不得不敬佩那「最高級」之威力，只能大嘆現在文案寫得越來越可怕該不會有人下蠱了。

久而久之，被炸到血肉模糊的你（的理性）越來越堅強了。

（這擺明是《魔鬼終結者2》啊，你是液態金屬人還是刃牙的爸爸呀？）

這些詞和星星再也無法滿足你對於最高級的渴望。於是你在平台區翻翻找找，忽然發現有好幾本書上面出現了驚人的數字：×語關鍵字×千、××歲前必須×××的××××、××分鐘搞定×××，原來「最」跟《普羅米修斯》裡面的異形一樣，層層突變，如今早已經分裂突變成如此驚人的龐然大物啦！

「我要挑戰它啊啊啊啊！」你又出發，又有一半的機率被炸到，然後在心中驚呼：想要探索「最」字起源，可能自取滅亡！

我常聽到很多讀者對於最高級文案嗤之以鼻，我偶爾也會抱持相同的想法，甚至會在心裡面吶喊：「同樣的招式，無法對付同一個聖鬥士！可別小看我啊！」

可是瑞凡，我書櫃裡面有好多書，我現在都想不起來當初為什麼要買啊啊啊啊啊。

好啦，就讓我認真來進行一個ending的動作。

和其他商品一樣，書籍的銷售有很大一部分建立在衝動購物之上，我們也盡可能想要讓讀者一看到文案或是包裝就把書帶回家。在這個書籍爆炸的時代，當我們選擇太多，透過「最高級」所引起的需求的確是很有效的。

只不過，當每一本書都使用最高級的時候，其實也等於沒有最高級了。隨之而來的，除了「最」的變形之外，或許還有更新鮮的方式來介紹一本書，而這是出版者的挑戰。對讀者朋友而言，閒暇時間多逛逛書店，多研究文案的寫法，偶爾也能破解謎團甚至挑中寶物，這可是極大的樂趣啊。

●媽媽說我們在做賣頭賣面的生意○

或許是身為編輯的職業病，只要經過書店，無論是連鎖、綜合、二手或是地方書局，我都要轉進去逛。除了逗點新書發行的期間，我會佇立在新書平台區偷窺外，有更多時候，我喜歡研究一家書店如何陳列當月新書，想知道一家書店是如何與書互動，然後猜想，如果是我們的書，他們會怎麼置放。

我曾看見許多懂書的店家，發現書在他們的巧思安排之下，就連安插在書架這麼簡單的事情，看起來都令人著迷，彷佛書本鍍了金、鑲了銀（明明只是上亮膜），可以去選美了。除了讓人不知不覺就搬了好多書要結帳，更讓人莫名興奮，在心中吶喊：「天啊我要去遞名片叫他們進逗點的書可以嗎！」

但，我也曾見過一些令人失望透頂的店家，只見新書平台塞滿了新書，卻毫無邏輯、用心，一看就知道是店家為了在平台塞進更多新書的作為。或許書量多了，卻讓原本神聖的新書修羅場失去了競爭的氣氛，彷佛羅馬競技場曲終人散只剩下斑斑血跡與垃圾，大概就像是《三百壯士：斯巴達的逆襲》跌倒了，就變成《這不是斯巴達》加上《奪魂鋸》的合體，讓人覺得又荒謬又可怕又難過。

有好幾次，我發現平台上的新書已經受傷悽慘，而這些傷痕並非來自粗心的讀者，而是平台本身。舉例來說，一個平台通常是由兩個長方形平面重疊而成的，上面的平面較小，與下層之間約有十五至二十公分的高低差。於是，下方平面擺了數疊書，上面的平台也會擺放數疊書，而兩平面的高低差，也就是上層的突出部分，偶爾會變成展示立面，像是書的靠背，供書籍以正面呈現。然而，並不是每本書都適合放在夾縫中的立面，有些書的高度比較矮，一旦正面立起放在下層，就會被前面的一疊書給擋住一半，有些更慘就會被擋住三分之二。此時根本也看不清楚這本書的模樣，更不用提在那樣的隙縫中硬塞入的書，光是拿起來、放回去就要花上一番苦工，而書腰、書頁角落更是容易受損。

當你在書店看到這樣的書籍，你是否會覺得難過呢？你是否願意比店家更細心一點，去照顧在平台區萍水相逢的一本書？還是想說反正連書店的人都不在意，我也用力地把書丟回平台好了？

我想起《這不是一部愛情電影》的首版，就在那家書店的平台被夾在那尷尬的縫隙裡面，原本包圍著小女孩的書衣洞口，已經裂開了。我把書拿起來，發現書腰也已經消失不見。往那縫隙一探，才發現裡頭有好幾張破掉的紙片，它們原本是書腰。

我看著這些書，忽然覺得很難過，如果書店對書沒有愛，身為出版社代表的我，又該怎麼讓他們相信這件事是很重要的呢？

我想起我媽媽在整理逗點倉庫時，一定先把雙手洗淨，確認手是乾的，然後才會用手碰書。偶爾看到狀況不好的書，她會仔細整理，看是替換書腰或是更換書衣，或是無奈地宣告放棄，但她總在最後補上一句話：「我們這是賣頭賣面的生意，書況太差誰要買？」

嗯，我可以把我媽媽送進這家書店當店長嗎？

●●在書上留下閱讀的痕跡好美，但別人休想染指我的書○○○○○

想像有一本書，總是靜靜地陪你旅行，陪你等人，陪你入睡，陪你哭笑不得又能如何走的理由竟然先假設……就在陪著你的過程中，書頁沾到了包包內裡的藍色染料，或是在書頁邊緣慢慢變深，或是原本淡色的書封面上逐漸浮出指紋……越來越多「你」的痕跡疊印上了這一本書，彷彿自己養了一個孩子，看著他慢慢拾起自己的習慣，這不是很浪漫的一件事情嗎？

天性浪漫又有點天然呆的出版人和設計師們裝幀書籍時，經常會以此為依據，先挑選有手感的藝術紙，讓讀者把書拿起來的時候，把觸感轉化成對於這一本書的認知之一，讓那種感覺催化到極點。由於美術紙通常不太耐磨，因此隨著翻頁的過程，書籍越翻越舊，就會變成一本帶有「古著感」的書。

我也曾經因為這個浪漫的理由，把時間計算納入書籍的裝幀概念，最好的例子便是膝關節的《這不是一部愛情電影》。

設計師小子和我討論紙材的使用，然後我們把「誰的愛情不是傷痕累累」的概念，運用到這本書上面，當作是最後的提味，書籍在閱讀過程中，隨著翻閱的次數，邊緣會慢慢地泛起一道白色的痕跡，用這樣的形式，去呈現每一個人在感情路上碰碰撞撞的傷痕。

這是逗點的書裡面，我非常滿意的設計前三名，不料得到了極端的回應。一是浪漫派的，他們說：「這本書真的沾到了我的痕跡，慢慢受傷，好美！」另一是務實派的，我猜我媽咪會想和他們交朋友，他們說：「這概念好，但我不要拿到別人碰舊的書。」

好，我知道了，下次改進。

之後，我看到了一人出版社的《邊境國》，那是一本純白的小書，只有條碼和必要的地方上了黑墨，其餘只使用打凸工法，讓封面浮現一條純白的界線，象徵邊境。隨著翻閱時間越久，那條界線就會越清楚，用以呼應那一本小說的故事。我當時看到驚為天人，畢竟這本書實在是太好看了，但我不免立刻想到《這不是一部愛情電影》帶給我的啟示，於是在心中捏了一把冷汗。所幸這一本書賣得不錯，聽說是一人出版社的銷售扛霸子之一，恭喜啦！

儘管我很喜歡這類帶點磨損意味、提醒自己「時間是最大敵人因為我們都在裡頭衰敗」的設計，但又得考量讀者接受度，而不能常常運用。不過，無論上了任何保護（如上光、上油、上膜等），書在翻閱、運送中，一定還是會受傷的。

既然沒有可以完全保護的方式，如何把原書精神呈現出來，便是最好的設計。

在這前提下，每當設計師提出相對容易受傷的設計，例如「白色不上膜的書封」、「美術紙印淺色的書封」、「打洞」等，我都會花很多時間，和設計師討論如何「保護」這些設計，盡可能讓這些設計能夠以新生兒般無瑕的狀態來到讀者手上，讓這些書本在讀者的手上慢慢變舊（為什麼這句話讀起來那麼詭異，好像我是《恐怖旅社》裡面的人口販子呢），而這時候，上封口袋或是包膜就是最兩全其美的方式了。

寫到這裡，其實我得招認自己有一種怪癖，那就是喜歡收藏壞掉或是被翻得很舊的書。

這個怪癖，還是從逗點開始的時候才形成的，在那之前，我也是喜歡「一本新書在我手上慢慢變舊」的讀者。但因為開了出版社之後，每次清點都會發現有一些書籍，因為印刷時的瑕疵、運送時遭遇了事故（例如司機大哥沿著山壁高速行駛，三不五時還撇一下輪，害書撞到山壁而凹了一角），或是從通路退回渾身傷痕累累，這時我就會覺得心疼，於是把這樣的書收為自己珍藏的書，希望能夠代替其他人來照顧他們。

至於在書店，偶爾看見一些書被翻到受傷，或是腰帶歪七扭八，我會忍不住拿起來，幫它們整理書腰或是書衣，如果剛好讓我瞥見值得購買的優點，我便會義不容辭拿著這本書到櫃台結帳。一方面，我相信這樣被翻到快要開花的書，或許沾染了很多人的福氣，貧窮如我，極度需要這樣的運。另一方面，則是很純粹的，不忍心看見這本書又要經歷一次被投遞到親生父母親面前遺棄的哀傷之旅。

要包容一本舊舊的「新書」，或多或少違背消費者要買新貨的下意識原則，這是人之常情。不妨還是買新的書，把心思留下來，用來接受和自己一樣受過傷的人。畢竟，我們每一個人也在時光中磨得傷痕累累，需要他人接受，才能停止漂泊。

●●●●●書腰你真是淘氣的小東西○○○○

某日和設計師小子一起到某文藝營，和高中同學分享書籍包裝和行銷的概念，到了提問時間，有一個眼神清澈的男生舉手，說：「可以不要做書腰嗎？」

天啊，我真沒想到現在的高中生這麼直接，真令我害羞。

「不可以喔。我也不愛書腰，但，還是要做。」

台灣的書籍早前其實很少使用書腰，在那個時代，書也沒有現在的多，因此讀者到書店翻閱書籍的時候，多半是先看封底上的書介，再打開前折口看作者簡介，之後就繼續往下翻閱看內文了。之後，在大型書店平台文化導引下，書籍開本變大，混搭了美式平裝書（paperback，採取低價策略，以方便攜帶、閱讀為考量。）的包裝手法，加重圖片在封面的比重，以照片為視覺重點，把行銷文字留在前後書封上（此時依舊沒有太多書腰）。雖然乾淨俐落，但也凸顯了一個問題：有時候行銷文字留在書上會醜醜的，看起來很混亂。

最近，書籍包裝多半走日系風格，另一方面也因為想把行銷文案獨立出來，方便讀者在陳列著數十本書的平台區，一眼就能知道這本書的內容走向，以及得獎紀錄，又不會把這些額外的東西留在書上，可以讓書的本體更純粹一點。

有人覺得書腰不環保，其實不然。印刷封面時多半會剩下許多紙邊，如果沒有利用就會被丟棄。有些書腰是利用封面紙邊併版印刷的，反而不會浪費。其實，我也曾經就環保問題，和一個前輩討論要不要做書腰，他只淡淡說了句：

「現在書只能賣一個月，退完書剩下一本插進書架後，書店也不一定會主動補貨。你不積極一點，到時候倉庫裡面的書全部都要裁掉銷毀，你會不會覺得痛心，這樣了會不會更不環保？」

「可是我不覺得……」

「跟推薦人名單一樣，都是雞肋，對吧？」

「是。」

「愛書跟賣書是兩回事，作者不好意思賣，但你得幫他們賣，絕對不可以客氣。你背後背負著多少作者的心血，你要讓他們的書都被裁掉嗎？」

「可是……」

「你現在不夠強，只能打持久戰。所以你更應該先進入這個龐大的消費體制，先觀察它的弱點，然後再變成癌細胞，去反抗這個體制。」

那時候，我深深感到無力。不過在開了出版社之後，我有些不一樣的想法。書腰的確是因應實體通路陳列需要，所產生的作法，只要還有新書平台區，書腰就不太可能會消失不見。如果大家都從網路書店買書，或是開始閱讀電子書，這樣子不需要書腰，其實也不要緊。（雖然不砍樹，但液晶螢幕的製造過程中，還是有其他汙染，天啊到底什麼才會不汙染啊啊啊啊）

但在目前的狀況下，還是有很多讀者習慣「實體書店的陳列方式，喜歡透過在手心翻閱來認識一本書。因此，就出版商的立場而言，新書平台區就是羅馬競技場，平常就算我們出版社之間稱兄道弟，但為了讓讀者在極短的時間內對這本書感到興趣，把書帶回家，我們也要殺得眼紅，一個機會都不能夠放過！（但之後還是要一起喝嘎逼、吃薑母鴨好好討論行銷策略）

換句話說，書腰絕對還會存在很久。

沒有證據顯示沒有書腰就會降低銷量，更沒有證據證明有了書腰就比較保險。儘管帶點雞肋感，但在如今大家都想快速吸收資訊的時代，書腰的存在，的確還是有其重要性。既然書腰還會存在很久，那何不讓書腰變漂亮呢？

書腰原本就是行銷走向的產物，因此通常不會使用特殊的紙材去裝訂，但近日的書腰也慢慢走向精緻風格，除了用紙比較特殊外，長相也不太一樣，例如我們家《比冥王星更遠的地方》的鋸齒狀書腰、新版《感官世界》上的前後直腰帶摺法，《還魂者》的直式書腰、何曼莊《給烏鴉的歌》的斜線型書腰、《第一人稱複數》的海報摺紙式書（衣）腰，《這就是天堂》的架空斜線型書腰，甚至還有《失戀排行榜》的手工影印紙風格等。

文案呈現上，各家也有不同，像我們家《御伽草紙》的書腰文案，以書法方式呈現，聯合文學的隨筆書系，因為要讓讀者有感覺，所以走日系風格（只有在書腰上陳列一句很有意境的文案／內文，當然先決條件是作者需要有一定知名度），寶瓶出版的華文小說系列書腰，以帶點古典感的字體來呈現文案，下面放推薦人，營造出作者的重量等，還有越來越多走極簡風格的書腰文案，如東村的《我的不肖老父》等。

不過也不是一定得做書腰啦（轉得真快），例如我們家快要絕版的《抽取式森林》，就是以圖像說故事，省略其他的行銷文案，推薦人短語就放在書後折口，直接出擊。另一個更成功的例子，則是一人出版社的《邊境國》這本書，除了少數黑色字之外，整本書都是白的，也沒有書腰。這本書放在平台區上，簡直變成素顏的 super star，搶盡鋒頭，根據私下詢問，那本書在實體書店的銷售，的確是滿不錯的。但這也是少數例子。

下一次大家走進書店的平台區時，不妨觀察一下自己的看書順序，是否為「先看書封喜不喜歡↓看書腰前後文案↓看前折口看作者照片（略過文字介紹）和設計師是誰↓隨意翻到中間看內文↓放回去／拍照回家上網路書店查價／直接帶回家」。

話說，如果你是出版同業，應該會在看完前折口設計師之後，就跳到版權頁，首先看印刷資訊（到底幾刷了）然後看編輯和印刷廠吧？

逗點就要成立兩年了，依舊高不成低不就，沒辦法成為出版體制內的癌細胞。而我砍了不少樹木，印了些書。或許就因為有些書沒賣好，導致樹木不願白白犧牲的冤魂就此棲息在我的肩膀，導致頸間痠痛很難輕鬆。唉，人生。

●●●想上架？沒那麼簡單！○

寫了一年數載才完成的大作，終於出版了！你拿到出版社寄過來的書，覺得先前的肝苦、嘴破、長白髮（或許還有白鼻毛）都有了代價。然後，你興奮地衝到附近書店，繞過一個又一個的新書平台區，才發現自己的書不在上面。詢問櫃檯人員書在哪，他們告訴你：「只有一本，在華文創作區書架上。」走過去一查，發現自己的書開本比較小，彷彿被旁邊兩本大開本的書霸凌，整個龜縮進書架，有一種「好像在那兒，又好像不在那兒，該怎麼說呀這到底在不在那兒呢」的微妙感受。回到家，你忽然覺得悲從中來，打電話給出版社的編輯說：「我找不到，我到不了，你所謂的將來的美好……」

好悲傷喔，順便點播范范的〈到不了〉好了，就送給每一本上不了新書平台區的書。你們辛苦了，希望終有一天，有人會帶你回家，否則就在書架安享天年吧。

很多人都覺得，閒暇無事到實體書店翻書閱讀，是一件很風雅的事情。但對於編輯或是出版業的朋友來說，每進入一個有書的地方，彷彿踏進修羅場，隨時都要準備發出波動拳（↓↘→＋拳）或是真空迴旋踢（↓↙←＋腳），Fighting！此間最激烈噬血的關卡，莫過於「新書平台區」了。

在台灣，每個月都有好多好多好多新書出版，然而每一家書店的新書平台區，頂多只能擺放數十本的書，大型書店則可以放上幾百本。這些能夠上到新書平台區的書，大多都已經經過第一輪的挑選，過於小眾的、過於理論的、不適合一般讀者的、一看就知道賣不出去的，可能都在第一輪被刷下來，魂歸離恨天。但上述條件也要看各家書店的風格及專業，畢竟，總不能夠要求專門經營國高中參考書販售的書店，也要進林達陽的《誤點的紙飛機》或是沈默的《天敵》吧？

要如何決定一本書是否上得了新書平台，取決於每一家書店或是連鎖書店總採購所下訂單的數量。換句話說，某家書店若只進了兩本，除非他們家的新書平台都只放兩本書，否則多半只能直接插入書架（也就幾乎掰掰了）。如果某連鎖通路進了四百本，但是他們有四十個門市，按照各店營業規模比例分配後，大店配了五十本，這一定沒問題，但其他分店若只有配到十本，那就挺危險的。

另外，在書店經常看到書籍的特殊陳列、文宣立牌、大型海報，或甚至「新書七九折」，也都是經過一層又一層的談判過程，才能成事，可不是出版社做了就可以放上去。我曾聽過一些高格調的讀者對新書平台區以及周邊文宣品嗤之以鼻，認為商業氣息過重，玷污了書的文化氣質。但賣不出去的書，只會淪落到陰森的倉庫，一待就是數（十）年，終究逃不過被銷毀的命運。

出版社身上扛著那麼多人的心血結晶，要是做出來的書如果沒有辦法在剛出版的第一個月就被看見，書就推廣不出去。久而久之，連出版社可能真的就掰了。所以對出版社而言，該去爭取的曝光，例如實體通路的採購量、網路書店的 banner 或專頁、媒體的書訊小格子等，就算必須先紅血集氣然後使出真空波動拳，也會不惜損傷，無論如何都要把競爭的對手（通常是你的好朋友或是作者的拜把兄弟姊妹）打飛，讓自己出版的書籍能夠讓讀者「一眼就看見」。

回到書店那一端，他們要如何知道究竟要下多少的書量呢？通常在書籍上市之前，出版社和總經銷就會開始準備該書的書介（可說是書的履歷表）以及文稿、封面稿、企劃案，約定了時間，和書店採購當面溝通協調，而這過程也就是「報品／提報／會報」。席間，只見三方人馬展開攻防戰，折扣、特陳、數量等，全都圍繞在最基本，但也是最困難的一個問題打轉：「為什麼我們要進這本書？請用文明來說服我。」

回到出版端，每一位編輯或是出版人也必須經常問自己：「為什麼要出版這本書？」畢竟，如果是一本連自己都無法說服的書，出了也只是亂砍樹而已，其他讀者或通路又怎麼可能相信而真心支持呢？

下次逛書店的時候，或許可以多花點時間看看這些平台上的書，也順道觀察一些文宣品，你會發現，那些理所當然的美好空間陳設，背後都是多方心血的結晶，不論是哪一種書，哪一種商品，或哪一種陳列方式，背後都有一則美麗又帶著汗臭的辛酸故事。

最後，就點播一首黃小琥的〈沒那麼簡單〉，給所有作者還有出版的朋友吧，我們繼續加油。

●●●請用文明來說服我下單○

「通路提報」就是向書店的採購人員報告自己的新書，讓他們知道這一本書的特色以及目標消費者，並且透過相互討論，研究出彼此要釋放出多少行銷資源來推廣這一本書。

你可能會問：「你不是有經銷商嗎？幹嘛還要跑去通路提

報？不是很累？」

沒錯，經銷商會協助出版社，把書籍上架到各大實體、網路通路，但是經銷商同時會協助好幾家出版社，有時一個月會有好幾本（甚至數十本）書上市，要為難他們在書籍上市之前，就熟悉每一本書的特色，把資訊吸收整理後，再向書店採購介紹，這也太折磨人家了。

最了解書的（商業價值的）人，不一定是作者，可能是編輯／行銷企劃。

所以編輯必須要先打造好一張書的身分證，也就是「書介」或是「書籍資料卡」，完成後就在通路會報的時候交給書店採購，等經銷商人員就定位（準備一搭一唱）後，然後通路提報就開始了。

接下來，就以虛擬新書《玩具砲》來模擬通路提報的狀況吧！

編輯：「好久不見，又一個月了！」

經銷：「又一個月了，唷呴（ㄏㄡ）！」

採購：「要不要喝咖啡？幫你倒。」

編輯：「謝謝！今天我要介紹逗點下個月的新書《玩具砲》。」

經銷：「這是一本熱血情詩集，很有意思。」

採購：「請用文明來說服我這本書的背景多有意思。」（立刻切換認真模式）

編輯：「每個人都需要愛情，卻不一定得到愛。《玩具砲》這本詩集就是為了撫慰現代無愛者的寂寞內心而寫出的情詩集。」

經銷：「嗯，讀了《玩具砲》就會感受到滿滿的愛。」

採購：「先介紹一下作者吧。」

編輯：「作者叫做刀兒，目前從事出版社編輯的工作，他的作品經常刊登在某某雜誌和某某副刊，還得過很多文學獎喔。」

採購：「所以是文藝青年。嗯，接下來，請用文明來說服我這本書有什麼特別的地方。」

編輯：「妳只要讀到了《玩具砲》，就會覺得內心被大砲轟過一樣，超舒服的。」

經銷：「超舒服的！」

採購：「會不會太誇張，這書是有下蠱嗎？」

編輯：「不是啦，被大砲轟過是一種比喻，逗點已經舉辦了《玩具砲》的試讀活動，有二十五名男大生和二十五名女大生讀了，他們都說讀到其中一些詩句時，很震撼，也因而相信自己有能力可以繼續去愛了。」

經銷：「我們家助理也有看，還哭了，這本書真的對OL也有影響力。」

採購：「嗯，根據我多年的採購經驗，這本書還是針對上班族女性比較保險，男生通常不會購買這樣的書。」

編輯：「那我回去研究一下，看要不要把文案調整成針對女性一些。」

採購：「那麼，請用文明來說服我，這不是一本欺騙消費者的書。這一本書裡面真的有愛存在嗎？」（殺氣）

編輯：「有啦有啦，就連×××和○○○都推薦了，ＡＡ還在臉書上寫說：『我從來沒有想過，讀了《玩具砲》之後，三十七歲的我竟然重新對愛情燃起希望了。』如果沒有愛，寫不出來啦！」

經銷：「這的確不是一本單純的情詩集，裡面有很多小設計，還有一些格鬥技巧穿插在其中。重點是看了有愛還會熱血沸騰，連知名摔角手都列名推薦了啊妳看！」

採購：「那書的包裝呢？」

編輯：「因為這本書要強調《玩具砲》的愛與威力，所以我們邀請設計師大子跨刀設計。尺寸13×19公分，封面整面燙金營造出熱戀之中的閃閃動人，背面整面燙銀營造出情場之間的爾虞我詐，書腰上則是打凸了一個砲台的形狀，用來燃起眾人對於愛情的熱血。」

採購：「挺好看的。不過，請用文明來說服我，你們這本書有沒有上保護？我最討厭被客訴說書受傷要退換啦等等的。」

編輯：「有啦，有啦，因為太貴氣了，我們有封膜啊。」

經銷：「嘿咩，是有下苦工的設計啦，姊妹不要生氣！」

採購：「嗯。條碼部分很酷，不過也要先掃一下，以防萬一。」

編輯：「好的。」

採購：「那你們目前在行銷上，有安排什麼宣傳活動嗎？」

編輯：「我們已經安排了三個廣播通告，也會有報紙副刊的露出。之後在我們自己的部落格上，也會有詳盡介紹。之後，刀兒也會有兩場獨立書店的活動。」

經銷：「是啊，他的粉絲已經在臉書上說要團購了。」

編輯：「可以的話，我想申請特陳（特殊陳列）。你看，我們特地做了一個一比一等比例大的玩具砲！」（從背包掏出）

經銷：「這也太大了吧！你怎麼帶來的！而且這根本是羅丹的沉思者吧！」

編輯：「不，這是玩具砲！」

採購：「還滿像樣的，原來是傳說中那一管轟破連黃金聖鬥士也無能為力的嘆息之壁的玩具砲啊。嗯嗯。」

經銷：「什麼？姐接妳說什麼？」

採購：「可惜太遲了，沒有檔期了。想做大型特陳，兩個月前就得談。」

經銷：「就叫你早一點，你看！」

編輯：「啊！」（默默把等比例大玩具砲收進背包）

採購：「好，我會好好思考下單量。」（扎腮）

編輯：「我知道現在是五窮六絕的關卡，但是這本書真的有潛力，我們也想作七九折的方案。」

採購：「嗯，作七九折成功機率的確比較高。我考慮一下……這本書其實滿好玩的，要不是時間來不及，搭配網路試讀應該也不錯。你要不要跟我們家的網路採購討論一下，安排一些網站露出或是介紹。」

編輯：「好啊，謝謝。」

經銷：「唷呴！」

採購：「對了，請用文明來說服我……」

編輯：「……」（靈魂出竅）

經銷：「……」

上面的採購形象綜合了眾家實體和網路書店的採購形象，純屬虛構。不過採購們的確會提出很多問題，來確定一本書的定位，以及書店端可以配合的部分。每次和採購討論，都會有一種靈魂出竅的感覺，雖然辛苦，但的確會發現一本書的弱點或是未曾發現的優點，如果還可以改，就可以避免日後書籍發行時發生尷尬的問題。

有時候看到採購，都覺得他們好累，會很想買珍珠奶茶或是雞排給他們補一下。畢竟他們一整個下午可能要聽少則十數本，多則數十本的書籍介紹，想到就覺得好可怕，我甚至見過有採購在我面前累得打瞌睡了。

唉，要不是對書有熱情，他們應該也沒辦法撐著吧？所以不是只有出版社累，認真負責的書店通路採購也是非常辛苦。各位來賓請為這些幫助新書出版的無名英雄們掌聲鼓勵！啪啪啪，福氣啦！

●對不起，我得先走了——寫給作者的一封道歉信○○○○○○○○

朋友曾告訴我，他曾經負責過一位作者，是一名旅居海外的老先生，出版稿件全都是手寫稿，每次討論都透過國際傳真。

由於校訂者對稿件提出修改意見，公司立場要求要以校訂者為主，因此他也只能照作，然後把修改稿子傳真給他。老先生看著入版的電腦稿出現一個又一個他從未見過的文字，雖然不是不能接受，但終究不太愉快。

某日，那位編輯朋友上班時，發現桌上多了一疊傳真紙，上頭寫了對於每一處修改的意見，以及許多發洩情緒的字句。隔天，出現了另外一疊，針對修改意見的文字少了，但許多情緒性的字句多了不少。之後，那位朋友每天一進辦公室，桌上一定擺著一疊滿版手寫字的國際傳真，上頭不再存有針對修改的意見，而是寫滿了寂寞心事，如遺書般鉅細靡遺、不願遺漏任何一個細節的手寫信件。

對於這一位老先生而言，這一個編輯的存在（他們對彼此而言不過是一組國際傳真號碼，只知道彼此的姓名、認得彼此的字跡，卻連臉都沒見過，素昧平生的陌生人），彷彿是他唯一可以傾訴的對象，是即將溺水者可以信任的浮木，他只能緊緊抓牢。

曾經，也有一名由我擔任編輯的作者打電話過來，先是抱怨書籍的銷售量，然後開始對我咆哮，認為我不夠重視他，非但沒有在公司網站上刊登他的資訊，也不在乎銷售量，讓他的書沒辦法有效率地流通。他持續抱怨，語氣哀怨，整整說了三十分鐘以上。當時的我，嘴裡咬著一口炕肉飯，坐在路邊攤聽他說話，覺得手機越來越燙，偶爾也忍不住情緒回了幾句，換來另一陣不悅。

回到辦公室，我望著發著餘溫的手機，喝著冷茶，納悶他為什麼要那麼憤怒。當初編輯他的書時，和他開會的情形不是很好嗎？我甚至也聯絡到一些媒體曝光，幾乎是當年最好的之一，更不用提他的新書上市時，也是公司網站的宣傳重點，在一些書店甚至有特殊陳設。再者，他的書其實賣得不錯，幾乎都賣光了，這樣一來，有什麼好生氣的呢？

我想起當時的主管曾告訴我：「一個作者一輩子可能只有一本書，但一個編輯一輩子可能得經手數百本書。這是一段不對等的關係，你要怎麼處理呢？」

我沒有回答。應該說，我答不出來。

我幻想自己是一名對出版程序毫無所知的作者，把稿件投遞給出版社後，懷抱著緊張心情等待回音，期待可以改變人生際遇的電話或是電子郵件趕快到來。確認出版的通知到來之後呢？書籍終於出版之後呢？

寫作者繼續書寫，出版，繼續往下一本書前進。

出版者繼續編輯，出版，繼續往下一本書前進。

若是遇到這輩子只會出版一本書的作者呢？

我無法將心比心，畢竟我早已完全瞭解出版的規則了……

「後來呢？你怎麼處理？書有做成嗎？」我問那位每天收到一疊國際傳真的朋友。

「我辭職了。我無法忍受那樣緊繃的信任，我不值得。」

他說，站在雨天的屋簷下，抽了一口菸。

幾年後，我開了自己的出版社，同樣面臨過作者的質疑與挑戰，也曾經感到無奈、傷心，卻也在這一連串與不同創作者熟稔、冷淡、失聯、再熟稔、再冷淡、再失聯的輪迴之中，習慣了溫柔出版世界裡最殘酷的一面。

如今的我，儘管還帶點迷惘，但大概知道該如何回答那一個問題了：

「親愛的作者，這輩子我只能持續往前，讓書推著走了。或許我將無法停下來等你以及你的作品，但我唯一能夠保證的，就是在編輯你的書時，給你百分之百的真心，以及在這本書上市時，用盡全力去衝刺。至於後續發展，則是這一本書自己的命運了，我會在能力範圍內讓你的書持續曝光，但這並不是絕對，因為我也有自己的侷限，和深深歉疚的無奈。這一點，請你體諒。」

○○○○○○要折扣？直接開口說你要我賣多少錢比較快○○○○○

「你們出版業真的很慘嗎？」記者朋友問。

「大家的（出版社）我不知道，但小家的很慘。」

「可是政府不是有說要改善書店的生存，連帶不是也會提昇出版社的獲利嗎？」

唉呀，聽到這句話我就悲從中來，好想要穿著白衣白褲踩著碎步，隨便找台有警車開路的黑頭車攔轎申冤——但就算真的這樣幹了，可能也就被警方踢倒，然後被拖進看守所，申冤不成反倒被關進黑暗深淵吧⋯⋯

算了，切入正題。曾經有政府單位要向我們採購書籍（並非文學好書推廣等專案，而是直接詢問某書），打電話過來之後，要求我們提供估價單，我簡單回覆，給了八折的折扣，對方在電話中詢問是否能夠給更多的折扣，我有點納悶，但想著如果書本有機會被閱讀，折扣多一些也無妨，於是改為七折，然後把估價單傳真過去，之後就再也沒有下文了。

七折難道還不夠？還是他們和一般的讀者一樣，也期待我們以六六折、六折、五折提供書籍？

政府採購書籍與一般書店進書不同。書店提供場地或是網路空間讓出版社的書籍得以曝光，並協助出版社推廣書籍，基於書店也需要負擔人事成本，因此出版社當然要以合理的折扣將書籍提供給書店，讓書店透過價差支付營運成本。就算是各大小書局之間的戰火，也是各憑本事。然政府採購並非為了商業目的，為什麼對於出版社要如此嚴苛？

在制定書本價格的時候，出版社大可拉高單價，反正到時候書上了通路只要透過折扣，就會變成合理的價格。但大部分的出版社還是希望以「就算沒有折扣也能安心帶走」的價格來推廣書籍。原本只盼薄利多銷，然而在如今薄利不代表多銷的世局，要是連政府也帶頭殺個幾刀，有幾家出版社撐得住？

當然，有可能該政府單位只有固定金額的買書預算。讓我們來幻想一個場景：我的編輯玩具刀有一天在我手心塞了一百元，對我說：「我想吃二十五元的肉鬆麵包，你能買多少就買多少，越多越好。快去。」然後我跑到麵包店，對店員說：「一百元能買多少二十五元的麵包？」她只會給我四個。如果我在櫃台前面大吵大鬧，她頂多在心裡嘀咕「真是可憐的孩子啊」然後再多送我一個，但我自己也清楚，就算她懷著天使心，於情於理，我不可能叫她一百元賣我六個以上的麵包。（一百元六個的話，平均每個麵包十七元，約莫六八折。）

如果連麵包都不可能要到六八折了，為什麼書籍要殺到六八折或更低呢？

我想到曾經在北京的某個胡同麵攤吃榨菜肉絲麵，聽到隔壁桌有位仁兄吃飽後詢問老闆娘價位，之後又大聲地問道：「能不能算便宜點啊？」老闆娘看著他，沒有講話只是手心朝上等著接過仁兄的飯錢。

折扣，門兒都沒有。

有多少錢就做多少事情、讓店家獲得合理利潤，這都是天經地義的事情。當每個人都失去利潤，哪來的資金可以拉高商品的品質和服務的格局？市場對於折扣的迷思已經走火入魔，敏感的消費者都清楚拉高價格然後再打折的行銷手法，為什麼政府也帶著這樣的迷思呢？

一本書的製作成本有多高，一般消費者或是政府或許都沒有概念吧？

撇開數字不談，光是一本結合了作者、編輯、設計師，甚至是通路行銷創意的「集體創作」，在政府的善意補助之下，都要變成論斤論兩販售的「東西」。此一善舉，用以比對所謂「推動文創產業」的口號，是否太尷尬？

我們因為削價競爭受了多少苦，還不夠嗎？

每次走在路上，看見坑坑洞洞凹凸不平的馬路，那些拿「路平政績」說嘴的人難道不會嘴軟？埋設自來水管道後把路鋪回去，地上卻多出完全不平整連顏色看起來都詭異的瀝青痕跡，一場大雨過後不久就開始龜裂，難道不令人生氣？政府對待文化事業的態度，就跟鋪馬路一樣，一切求快（擔心民怨）、求數據（方便考核）、求便宜（節省預算），一切的繁文縟節和痛苦折磨，都為了省錢。如此只為節省經費卻又罔顧品質的工程發包過程，難道不會衍生出更多豆腐渣工程，將來一旦產生問題，又要花上更多的經費去解決，豈不是惡性循環？

相較於長久的補助，出版社或書店需要的其實是長久穩定的收入。我們對書用情之深，願意燃燒熱血以及其它易燃的東西如靈魂或紙鈔等，但不代表我們只需要呼吸空氣就能活下去，請政府不要帶頭剝奪我們的生存空間。

●●●●●沒有人在乎你在乎的事[1]（拭淚）○

那天接到了國藝會的問卷，因為太忙於是便先擱在一旁，想說晚點再來回覆。不料就跟東西放進冰箱一樣再回首已百年身了。八月底，有位字正腔圓的小姐打電話來提醒，原來是問卷調查公司受了委託而執行這次的國藝會服務問卷調查。

1. 本文標題「沒有人在乎你在乎的事」採自樂團「那我懂你意思了」同名單曲。

我打開問卷，看看上頭的問題，忽然覺得有種失落感。

「DJ您好，我想要點播「那我懂你意思了」樂團的歌曲：〈沒有人在乎你在乎的事〉，獻給所有的創作者，尤其是申請政府補助的創作者，可以嗎？」

每次看著政府補助預算案，一千萬兩千萬三千萬地開，然後看看國藝會對於出版補助的金額頂多四萬五萬，結案時還可能遭砍只剩下一半。我忍不住在心裡碎念，一樣都是文化藝術，為什麼差別這麼大？難道出版人或是作家或是比較沒有資源的小劇團就沒有擔任夢想家的資格嗎？

國藝會的補助出版方案存有許多邏輯上的問題：某甲以個人出版名義申請了十二萬的經費，其中包含書籍印製、行銷費用，以及人事費用，最後國藝會補助了四萬元。不料，拿了四萬元補助的作者，卻必須以原本申請十二萬的規格來結案，若是無法提出，一樣會被扣錢。這豈不像是我今天要買一百顆蘋果，上司卻只願意補助我四十顆蘋果的錢，可是到時候我如果沒有抱著一百顆蘋果去請款，還是拿不到四十顆蘋果的錢，最後頂多拿到二十顆蘋果的錢——好悲傷啊這位上班族，換作是你，又會怎麼辦？

作者需要十二萬元的補助經費，最後卻僅獲得四萬元的補助，是否我們也在版權頁上留下三分之一的國藝會 logo 就好——畢竟國藝會真的只有補助了三分之一啊！

那麼，假如出版社願意與獲得四萬塊補助者合作，要如何運用這筆錢呢？

對於一個原本便擁有社內美編、編輯的中型或大型出版社而言，只要及早準備並分散工作密度，便可以較從容執行一本補助案書籍的前製編輯作業，姑且不論版稅、行銷費用及上市的風險，至少可以應付大部分的印刷帳單。然而，對於一個微型／獨立出版社，四萬元又能夠做多少事情呢？以一本兩百五十六頁的小說為例，書封與內文版型設計費至少兩萬元，編輯費用至少也要兩萬元，這樣一來便剛好打平。至於印刷費用、作者版稅、行銷費用，那又是另外的支出了。

有人說：「書賣到的錢，不就是收入嗎？」

很明顯的，補助單位也是這樣想吧。

如今的書市讓大型出版社都容易慘賠，更何況是沒有經驗的個人申請出版者。他們對於書籍行銷完全沒有實際經驗，自然抱持著較天真的想法。國藝會是否清楚當他們一路摸索撞牆終於把書印好，卻也可能因為找不到經銷商，而無法在一般通路銷售書籍？再者，國藝會補助的書籍多半是純文學或是非針對大眾的作品，這類書籍在如今書市原本便是弱勢，幾乎是通路退書中的佼佼者，讓申請者「假定」所有印出的書本都能賣出變成收入，便是弔詭之處。

不提以上兩點，出版社有自己的出版節奏以及考量，除非原本便有某作者的出版計畫並請作者協助申請補助，或是原本便鎖定的作者獲補助，才會主動接洽；否則一般說來，一般出版社並不會主動接洽獲得出版補助者，因為在書市萎縮的世道之下，如此舉動太冒險了。於是，原本就處於弱勢的書種如詩集等，反而在獲得補助之後變成弱勢中的弱勢，每投每敗，最後只能唉聲嘆氣說道：「為什麼我都拿到補助了，還是沒有出版社要出？出版社真是勢利眼。」

承受這種無妄之災，出版社難道不倒楣嗎？

假如獲得補助的作品真的幸運出版了，棘手的問題才剛要開始。

審核經費的委員與事後核准經費的委員不同，因此經常對於案件審核產生歧見。同一本書，可能因為「設計、印刷上的執行困難」而獲得補助，卻又因為「設計過於特殊」而被扣一半的金額。更不用提作品申請補助時，得到「作品質量俱佳」的稱許，事後卻變成「作品質量不佳」而慘遭扣款，這也不是未曾發生過。

出版的過程需要許多專業的考量，許多創作者不清楚編輯事務與出版過程，因此對於書籍頁數、尺寸規格、用紙選擇等，都完全沒有概念，卻為了要填寫預算申請中的規格表，隨意塞入不確定的數字。等到出版社的編輯與設計師接手後，才發現先前的數字全不適用，規格選紙也不符合該書的精神。如果為了書好，硬著頭皮更改規格，就必須面對可能因為規格不同而遭扣錢的風險。試問，對於一本書有熱情的出版社，將如何選擇呢？就算這一次決心幫忙，然後好險沒有被扣錢，下一次呢？

下一次還要繼續冒險還是心臟變小顆了從此對國藝會獲得補助者敬謝不敏呢？

許多作者因為深怕未來無法得到補助而忍氣吞聲，最後皆由出版社概括承受，也因此導致許多文學出版社不敢接受獲得國藝會補助者的委託，除非私人交情或碰上難得喜愛的作品才願意承接，否則光是出版之後要面臨如此煩人的考核以及經費申請過程，便足以讓出版社吃盡苦頭，更不用提獲得補助者在接觸出版社的過程中，因為再三遭拒而心灰意冷了。

原本立意良善的事情，演變到最後竟然完全走樣變成多方人馬的酷刑拉扯，這難道不是很令人遺憾的事情嗎？每每在信箱中收到獲得補助者的投稿信，心中便痛苦萬分，明明是有機會的啊，為什麼比較大型的出版社不敢接呢？然而，如果大型出版社都擔心風險了，由我這樣一個小出版社來執行，難道就會安全嗎？

身為出版人，誰不想幫有才華的人出書呢？出版社雖以文化為出發點，如果沒有辦法獲得穩定收入，也只是逼得一個人遲早破產罷了。所有的理想在現實之中都要接受考驗，很容易一呼哀哉，所以每步棋都要走得很謹慎啊。

如果政府真的想要幫助創作者或是出版社，請不要採用如此粗糙的方式，不要為了考核方便，而不在乎品質。畢竟文化藝術很難一個蘿蔔一個坑地評定績效（這時不得不想到學術研究也變成積點制的，導致一大堆教授忙著寫論文賺積點，難以兼顧課堂授課的品質，危害的又是誰呢？），有許多創意極可能在諸多不合理限制之下，慘遭抹滅。原本好意的補助扭曲了，最後化為糾結的數字一再毆打相關人等的臉，讓所有的夢想藍圖變成無法脫逃的枷鎖，更讓滿懷創作熱血的年輕人一再遭受打擊，連作品也變成隨便殺價的東西。說好的補助發行呢？說好的推動文創產業呢？說好的推廣閱讀呢？還有好多好多的說好的事情呢？

生得出來才有鬼。

沒有人在乎你在乎的事，這就是這一座孤島最令人痛心之處。

●●●●想進出版業？不好意思，請問您一年買幾本書？○○○○○

經常應邀到大學演講，題目總是與出版有關係，台下的大學生，有些精神奕奕眼睛有神，看了不用吞維他命B也會有提神功用。但世事無完美，有陽光就有陰影，在教室角落總會出現一些低頭沉思玩手機，偶爾還會臭臉的小朋友，看了就讓人臉皮顫抖快中風嘴角都要滲出血來。

我多想告訴他們：「離開吧你這可愛的小東西，不要為了我留下來，你有你的幸福要追求。」但是我沒有，每一次的開場白，通常是這個問題：「你們是否把出版業列入職業選項呢？」

此時，大部分的同學都會高舉右手，嘴角得意，至於還在玩手機的那些小潑猴就祝福他們被教授發現然後被當掉吧！（奇怪耶你們，幹嘛在上課玩手機啊？好歹也幫我打卡好否？我在台上不能打。）

接下來，我就會再問一個問題：「請問，到今天為止的一年之內，買過三本書以上的，不含教科書，請舉手。」

這時候，不論是精神奕奕或是臭臉的學生，幾乎都會把手放下，一個七十人的班級，通常只會剩下不到八隻手高舉著。

「不包含雜誌喔，買過三本書以上的，請舉手。」

這時候，可能剩不到五個人。

「我想，這兩個問題之間的關係，應該很清楚了。」

每次說完這既定台詞，台下小朋友們的臉孔就會浮現一陣尷尬，好像祕密被看穿似的。但是每次問學生這個問題，我也同時質問自己：當資訊不再只能透過書本擷取，網路空間所存有的，或甚至圖書館所存有的資訊早已足夠一個人一輩子享用，讀者為什麼還要購買書呢？而我為什麼還要投入這樣的產業？難道是為了鍛鍊握力嗎？畢竟每次看到銷售報表的時候，右手幾乎就要捏爆滑鼠，牙齒則是咬得死緊彷彿就要噴出血霧，我總在腦海裡面大喊：「為什麼是我啊啊啊啊啊啊！」

我媽媽每次去書店，總是會帶一本書出來，我最有印象的書是《死守現金公司不會倒》以及《醫行天下（下）：拉筋拍打治百病》，前者擺明是為了我準備的，後者則是受了電視節目《國民大會》的影響。總之，她曾經語重心長地說：「為什麼我們每次去書店，那麼容易就會買一本書，要別人買我們的一本書，卻那麼難？」

我始終找不到答案，但不服輸的性格，驅使著我硬著頭皮繼續走下去了。直到在某個場合，我與劉興華老師對談時，他提到了身為編輯以及專業譯者，要如何篩選資訊，為讀者提供有用的資訊。儘管未來電子書出現，每個人都能輕而易舉變成資訊提供者，但還是會有更多的作者需要專業編輯為他們雕琢作品。其實相同的話，我先前也在好幾本提及編輯生涯的書籍上讀到，但始終不懂。好險遲到總比沒來好，這一句話，終於在那樣的場合讓我聽進去了。

書為了讀者而存在，編輯為了書而存在。當然，編輯也期待著讀者的回饋。我不曾在捷運上看見有人讀過我編輯的書，但演講結束後，常有聽眾或是同學拿著逗點的書，請我簽名。我總是會一臉尷尬地說：「啊我又不是噬夢人，也不是冥王星人，更不是太宰治，這樣不好吧！」但還是口嫌體正直地接過了筆，在版權頁上簽名，並寫上「希望你喜翻」。

這真是有點虛榮的時刻，不過用心編輯、出版的書，終究是到了他人之書櫃，也算是有了好歸宿，要是日後被家暴也只能阿彌陀佛一路好走了。我幻想或許這些拿著書給我簽名的讀者，會因為踩到地雷，而氣呼呼號召學弟妹聽我演講時一起玩手機，但也有可能，這一本書為他們帶來一次美好的閱讀經驗，然後（如果油、電沒有漲太多），或許他們就會把（任何人出版的都好）第二本、第三本書帶回家。

說不定他們也將變成出版人。

很快的，我們這些曾經年輕的出版人就要退位，然後把書籍的未來都交給更習慣於未來生活的更年輕的人。我不禁緊張，也忍不住期待，十年、二十年後的出版世界將呈現什麼樣的風景。

下一次，當我走進演講廳，我還是會問相同的問題，不知道那時候，會有什麼樣的回答？

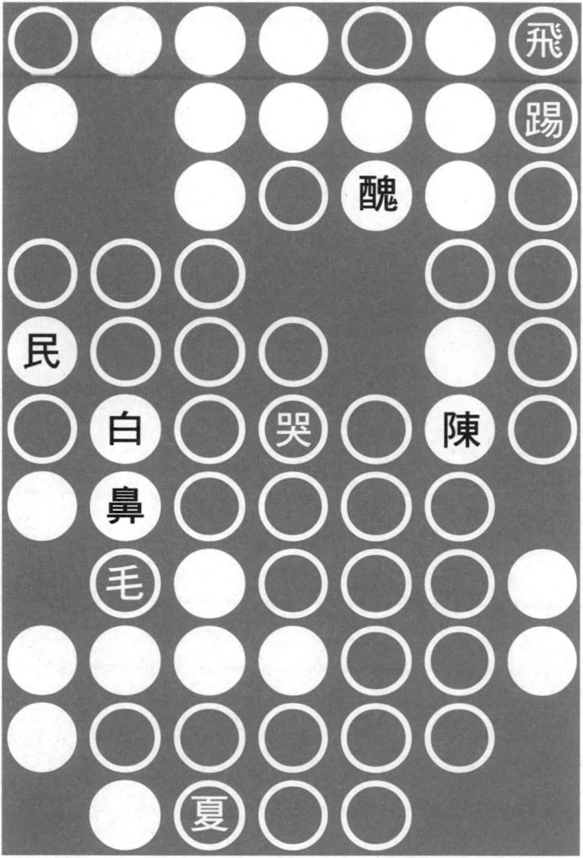
飛
踢
醜
民
白
哭
陳
鼻
毛
夏

第三章 III
對談

ONE

假面騎士與哥吉拉的攤手大作戰——陳夏民VS小子對談

×

＋

地點：Cafe Showroom
日期：2012年9月5日
對談：出版人 陳夏民
設計師 小 子
主持：編 輯 玩具刀

第一次合作就上手——不是騙你的！

刀——我先問一個簡單的問題。「逗點」的命名由來，夏民在書裡會提到；陳夏民為什麼要叫陳夏民，這個要問陳媽媽——但「小子」這名字是怎麼來的？

子——原因其實很簡單，因為

我以前很喜歡看「好小子」的電影，所以家人從小就叫我小子。到現在知道我叫小子的人，比知道本名的還多。

刀——那你本名是……

子——廖#$*%@

刀——啥？

夏——我剛剛也是想到廖什麼，但後面兩個字完全想不起來……

刀——呃，那我們姑且叫他廖先生好了。陳先生跟廖先生，可不可以說一下你們兩位認識的經過？

夏——第一次，是小子寫情書給我。

刀——什麼！

子——因為那時候我在書店看到《歧路花園》……

刀——然後覺得《歧路花園》做得很爛？

子——哈哈哈不是啦，是因為我那時剛好對鉛字印刷很有興趣，覺得很酷，但不知道逗點是什麼，碰巧有朋友轉貼逗點的部落格，看到他們很用心地經營。

刀——那夏民看到小子寫信來的第一個想法是？

夏——信裡面有附他的作品，才想到我很喜歡一本跟三太子有關的書，原本就是他做的；那本書做得非常厲害。

刀——之後你們兩個的正式合作，應該是從《這不是一部愛情電影》開始，我想第一次合作應該有些磨合、爭吵和互甩巴掌吧！

夏——那時我們有爭吵嗎？好像沒有。

子——是滿順利的。

夏——好像有啦，但不算是爭吵。那時我跟膝關節、小子約在春水堂討論，因為我跟小子先討論過這本書的初步概念、有個草圖出來：就是背面是一個長髮美女，但轉過來卻長得很醜，然後搭上書名《這不是一個愛情電影》這樣。哈哈，可是膝關節就被嚇到了。所以之後就想朝別的方向，才會變成現在的復古元素。不過那本書做起來也滿順利的。因為我很少改小子的稿子，我相信稿子是越改越醜，改到最後往往會回到原點。但也是因為小子交出的稿子很強、完成度很高，所以跟膝關節討論完之後，也是立刻就決定了——沒想到吧，居然沒有磨合期。

刀——好吧，雖然你們第一次合作很順利，但心中一定有對彼此的不滿吧，或是之後的合作有衝突也可以說一下。

子——老實說，好像真的沒有。都滿滿意的。

刀——天啊你們居然對彼此那麼滿意？不要害怕啊，任何東西都可以講出來啊，例如夏民給你的設計費太低之類的。

子——如果硬要說的話好像就是這個，哈哈哈——但就是行情價。

夏——我常在想，出版社除了稿費、設計費之外，還有沒有辦法給設計者其他的東西。因為受人點滴，所以會盡力想辦法看有沒有別的曝光機會或什麼的，例如網路平台的訪談，或跟通路提報時，也會強調這

個設計師很強、讓他們也慢慢熟悉這個設計師的作品。

子——對我來說合作愉不愉快，不是在於錢。因為我很相信——這樣說起來好像臭屁，但良馬也要配伯樂。一個不太改稿的客戶真的不多。

刀——所以我想你們兩人的合作關係，最好的比喻應該是唐

三藏跟孫悟空，一對牽扯不清的和尚跟猴子……

子——哈哈哈，我覺得認識伯樂最重要。

刀——他說你是伯樂耶。

夏——我好開心喔。

子——那你要當猴子還是和尚？

夏——我當然是和尚啦，因為你是猴子臉……

最好的朋友，最強的對手

刀——小子，談談你心目中的夏民吧。

子——我跟他其實有一見如故的感覺。因為他常常丟一些影片給我……

刀——你該不會要說，他丟一些低級笑話或影片，你都會笑這樣嗎！

子——哈哈哈他丟超多的，而且那些笑話都是我以前看過，覺得很好笑但別人都不會笑的。哈哈哈所以我說，我們認識到現在也才一年多，卻感覺認識很久。

刀——你知道我以前認識的陳夏民是不太說話的嗎？以前研究所跟他修同一堂課，他其實是對人是很有距離的。

（刀 OS：誰知道開出版社的夏民，如今會那麼超展開！）

夏——哈哈哈對啊，我以前是比較內向……

子——我以前也很內向……

（玩具刀os—現在是想怎樣！要放結婚進行曲了嗎……）

夏——因為我們的興趣都很類似，像他很喜歡日本的哥吉拉、魔斯拉，而我小時候我也很喜歡。可是在一般人身上，很少發現有那麼多重疊的興趣。

子——至於夏民在我心中是什麼樣子，可以用宮騎駿說的話：如果要合作，就得找兼具夢想跟現實的人，不能找只有夢想的人。

刀——夏民，也談談你心目中

的小子吧。

夏——我覺得小子就是一個小孩了啊。

刀——那不就是跟你一樣嘛！

夏——哈哈所以才可以玩在一起啊。我很喜歡跟小子合作的原因，是他不會讓你有不確定感。每次他拿出來的作品就是有一定的力道。有些人的稿子你會感覺到他沒有那麼用心、或是可能很用心但沒有那麼確定。他的作品一拿出來絕對是信心滿滿的。

刀——可是信心滿滿應該來自於原本的概念是很完整且充足的，也就是說，案主傳達給他的訊息，也要很確定，才有辦法吧？

夏——通常小子做出來的東西不會只有一款，都會有兩三款。而那幾款，也許都是南轅北轍、卻有自己的詮釋。我們會一直討論，開出一些條件，他會調整和修正，但不見得會照著作。有時他給我之後，會說先不要用，他還要再改。所以我可以全然相信他，因為他是一個自我要求嚴格的人。如果要合作的話，當然就是要跟這樣的人合作，因為我們現在做書並不是做出來就好，還要讓人眼睛一亮……

刀——……同時還要賣錢。

夏——哈哈哈，對，同時還要賣錢……所以設計師真的很重要，他能夠端出什麼菜來，好不好就會知道。

刀——那我換另一個說法來問。有些設計師端出來的菜，很好吃但沒有賣相，那你覺得小子的作品是可以賣錢的嗎？或是有其他的潛能，在他的設計裡面？

夏——這樣講不知道好不好，但我覺得小子的設計都有商業的元素。你很少看到有設計師，把書的名字設計成超大的，不只有構圖，也考慮到賣相。

刀——對，我就看過很多設計者的作品，字很小，不只是內文排版上，還有書腰的文案，閱讀起來，其實是不太舒服的。

子——那是我自小養成的教育。一開始接案的時候，就曾發生過一堆跟所有初學者一樣的問題：我字用很小，然後叫我放大，一直放大，而且字要擺在書的上方，書腰上的字也要很大、很清楚，顏色很鮮豔。改到最後，跟自己在日本雜誌上看到的，完全不一樣嘛，就覺得很嘔。難道我把字放大，就不會好看嗎？就是醜的嗎？後來找了資料，發現其他國家的設計師把字放很大，還是很漂亮。旁人看來也許是很 low 的弱點，但假如我把它變成優點的話，豈不是我的武器嗎？久而久之，才發現我的字越來越大，再也縮不回去了。

夏——我覺得小子的強項，在於他的顏色。顏色的組合很野性、很跳，很容易吸引別人的目光。而且他設計的書，都賣得不錯。

（玩具刀os：賣得不錯才是重點！）

熱血假面騎士與哥吉拉的化身

刀——既然你們合作那麼愉快，彼此的興趣也有重疊，那談一下自己喜歡的漫畫或流行物品吧。我想這些東西，也會影響到你們的出版選書跟設計。

子——最近在看《浪人劍客》就是。影響我更多的，還有哥吉拉，因為牠代表了一個很奧妙的東西。

刀——反核嗎？

子——就社會議題來說是這樣沒錯。不過哥吉拉的電影是很有趣的，因為它本身是一個恐懼的化身，但之後有更多可怕的怪獸來了，日本人希望借由這個恐懼化成力量，可以來保護家園。所以牠是一個很矛盾、衝突的東西；而我的作品裡面，就有強烈的對比跟矛盾。當然，還有蝙蝠俠，因為他也是把自身的恐懼化為力量。還有一個老一輩的設計師，叫黃華成。他在純藝術上有自己的一片天，在設計方面，他也可以把純藝術轉化成有趣的東西。那是我現階段做不出來的事情。單就台灣來說，他是我最欣賞的設計師。

夏——至於我，就是日本漫畫吧，《聖鬥士星矢》、《銀魂》等等。像我也看很多「假面騎士」和日本戰隊，各種顏色的騎士開著大機器人，然後幻想自己是中間穿紅色的那個。它很好玩的一點是，雖然很熱血，卻是有條件的熱血。你看日本漫畫，永遠都是熱血加上奇蹟，才會出現好的結果和勝利。潛移默化之下，我也相信只要我一直努力做下去，就會遇到好的事情。

刀——不過這也反映出一個事實，就是人生除了熱血，還需要奇蹟，但奇蹟不見得會出現。這不是很悲傷嗎？

夏——對，沒錯。可是有些人完全不知道會有奇蹟發生這件事，他認定只要熱血就會成功，所以我才說是有條件的熱血。我們必須先認清，再多的努力都有可能變成白費之後，才能義無反顧去作。而我越來越相信，所謂的奇蹟是來自於良善。可能我越老越迷信了。如果今天我不要對別人有太多的期待、對別人都很好——但不是討好——我可以幫忙就盡量幫忙，久而久之，就會有一些善意的力量回饋給我。不可否認，這兩年逗點的狀況就是因為奇蹟啊：忽然之間有媒體來採訪，以及很多人的善心幫忙，也因為他們持續地幫忙，我才意識到找得繼續努力，不然，那個奇蹟就不會再出現了。

刀——所以，你就是《慾望街車》裡面的布蘭琪嘛，藉由陌生人的善意幫助而生存，然後活在自己的幻想當中……

夏——哈哈哈，對。但唯一的

不同是，我也會去幫忙別人。不是因為很迷信我對別人好、別人才會對我好，而是我自己嘗過什麼都沒有的痛苦時期，所以，如果舉手之勞就可以幫到人，那不是彼此都會很開心嗎？

兩個工作狂的逆轉勝

刀──艾倫．狄波頓說「工作」跟愛一樣，是人生意義的主要來源，它帶給我們滿足也帶給我們挫敗，同時影響了我們的生活狀態。像小子你接案也接了那麼久了，夏民幹編輯也幹了好幾年了，應該有些想法可以分享。

子──我比較不會把設計當作工作，比較像是創作。

刀——已經變成生活的一部分？

子——也不太像是生活的一部分，而是我本身就是創作、活得像創作。

刀——但如果你的創作，沒辦法帶給你錢的時候，你要怎麼辦？

子——那我就不夠資格被叫作設計師。因為我要對自己以及之後想要進入這個行業的人負責。用自己的作品讓自己活下去，我這樣才可以告訴大家，這個行業是值得尊敬、值得大家去作的。能賺多少是一回事，但至少可以生存，而不是在那裡喊著我很喜歡做這個，卻活不下去。

夏——我是工作狂啊，編輯也是創作的一種，因為你跟作者、設計師，還有其他人一起打造出一本書，這對我來說很有意思。也因為過程中很艱難，如果可以挑戰成功，就會很有成就感。像我跟小子聊天，即使是聊工作的事，也會覺得是好玩的。錢當然也是很重要，有些人覺得談到錢就low了，可是我不會，因為沒有錢就什麼事都做不了。所以還是盡可能地賺錢，然後花錢，工作時就好好工作。

子——賺錢不是壞事，而是要看把賺到的錢，拿來做什麼用。

刀——你們兩個都應該算是自己創業：一個自己開出版社，一個有自己的工作室，現在有很多人也想創業，哪怕是要開雞排店或咖啡廳。所謂創業維艱，你們有什麼想法呢？

夏——創業其實就是回到最原始的需求，也就是希望擁有屬於自己的角落、自己的地盤，像畫領地一樣。但畫領地的時候，很多人沒有想清楚到底適不適合這裡，因為興趣跟天分是兩回事。更重要的是，有沒有辦法作很久，因為你會想在你創造出來的這個圈子裡面多待一分鐘。但可能為了那一分鐘，就得努力好幾個月。創業，就是考驗你對自己的態度。

子——我對創業是沒有太多想法，因為我也只會做這件事情。我從大二就開始接案，別人考完模擬考是回家玩樂，我是回去趕案子。我沒有經過找自己志趣的徬徨猶豫過程。如果要有點建言的話，那應該就是：不能去恐懼任何事、任何失敗，因為一定會有失敗。所有的失敗，都是老天在考驗我們有多喜歡我們正在作的這件事。之前，老師還給我一個建議就是「戒慎恐懼」。這四個字我受用無窮。因為只要有一點點成功，我們都會非常開心，畢竟之前失敗太多次了，但在這一點點成功之下，假如一旦失去了警覺心，未來會有更可怕的失敗到來，所以每一步都要慎戒恐懼，尤其是創作這條路，對自己的作品自滿是很可怕的事情。

刀——除了自己的本業，最想從事的其它產業是？

子——我想去挪威捕帝王蟹耶。就像那個電視《漁人的搏鬥》播的一樣，在船上面會游泳也沒有用，掉下去海裡一分鐘就會失溫死掉。

刀——呃，所以你是想去享受那個過程……還是想吃帝王蟹？

子——哈哈哈都有啦。我覺得人生就是這樣，好過歹過都是一個人生。

刀——所以你想去體驗不同的生活，出海捕帝王蟹這是其中一種？

子——對啊，不然就是做廚師吧，專研廚藝。

刀——那……陳董夏民，如果

你再也沒辦法編書了，作每一本書都慘敗，然後就負債了兩千萬……

夏——好悲傷喔，但我可能會在負債三百萬就停下來。我才不會讓這個東西卡住我一輩子咧。然後，我應該會去教英文吧，因為教英文是很好玩的事情。

刀——但你現在開出版社，同時也是英文家教啊。所以，應該有讓你更沒有退路的時候，例如說你今天一個英文單字都不會，也不知道編輯是什麼東西……

夏——天啊，為什麼跟小子的條件差那麼多！

刀——你知道綜藝節目總是會

有一些狀況劇。

夏——那、那我應該會做服務業吧。會開一間小店，一家很多規矩的小店。

刀——你是說很會刁難客人的小店嗎……

夏——對對對，例如不提供插座、無線網路給大家，也不希望客人在我店裡打開電腦，可能在門口就寫著：本店不歡迎使用筆電的人進來……

刀——而且要加收兩成服務費這樣嗎！

夏——哈哈哈。

子——如果客人還是把筆電打開了怎麼辦？

夏——我就會說本店今天不賣你囉，或是拿水槍噴他。哈哈。因為如果真的開了一間小店，我就希望它可以完全符合我的想法。現在很多人都要遷就消費者，反而有些美好的價值慢慢消失了。

刀——可是遷就消費者的最大目的，就是為了賺錢。根據前面狀況劇的設定，今天你已經負債三百萬了耶。

夏——呃……我懂你意思了。不過我還是會堅持開一間有個性的小店吧。說個性不是說很酷之類的，而是我都已經負債三百萬、看破人世間的潮起潮落了，如果最後決定還是想跟人群產生關係的話，我就不會再去符合大部分人的胃口。這不代表我會隨便作，例如開咖啡店，咖啡我不會做得很難喝啊，還是有一定的水準。而且更希望這個空間是我作主，你來，可以享受到我的招待。我的招待，一定是跟別人不太一樣的。

刀——那你開出版社的想法，跟開小店是一樣，都是希望擁有私領域，在自己的空間作自己可以掌握的事情。

夏——對，因為我是一個腦筋動得很快、但沒辦法針對大眾的人。雖然我很愛看鄉土劇、很愛做很俗的事情、看B級的電影等……

刀——我懂了。意思是說就算你可以編書，你也沒辦法變成鄉土劇的編劇。

夏——沒錯。雖然我很愛看，

但我不見得可以寫那樣的東西。

三十拉警報，人生走馬燈

刀——你們兩個現在都差不多是三十歲。三十歲是人生的一個關卡，當你們大學甚至是高中時，應該沒想過今天會落入這般田地吧？會希望四十歲的自己，擁有什麼呢？

夏——哈哈哈。我高中跟大學的時候，都以為我會變成英文老師。

刀——現在也是吧。

夏——對，但不太一樣。我以為我會在學校裡教書，每天都很悠閒——當然不是說老師很悠閒，而是生活的態度是比較悠閒的。不像現在，真的……很不悠閒。沒想到我三十歲的時候就創業，真的是一個很可怕的事情。假如有機會回到過去，我想告訴自己：你不一定要做這個沒關係啊。哈。不過好玩的是，雖然跟當初的期待不同，而且我選擇的這條路累了一點，但沒有不好啊，因為會一直期待著下一步還可以作什麼。不過每個人的狀態不一樣，不一定要自己創業或冒險，而只要覺得生活是好玩的，就夠了。等到四十歲，我希望自己身體健康就好。

子——不需要很多錢？

夏——ㄟ，也不要太窮啦，哈哈哈。因為這兩年的健康受損得很嚴重，希望身體健康、尿尿可以很順就好了。

刀——所以，現在尿尿已經不順了嗎……

夏——哈哈沒啦，但人家不是說四十歲的時候，尿尿就會滴到鞋子嗎？

子——我大學就開始走這一行了。我高中的時候也跟夏民很像，一直以為我會變成美術老師，然後就偶爾畫畫圖、每天很悠閒地在學校裡度過。

刀——怎麼會這樣……你們人生一開始的目標都是悠閒，以及賺大錢！

子——哈哈哈所以我跟夏民才有一見如故的感覺。大學時家裡很窮，只能靠工作來養自己，就誤打誤撞開始做設計，才發現到我好像可以作這一行。然後一晃眼，已經好幾年過去了。一開始走這行是有些夢想的，現在的自己，似乎有達到一點點。但也因為懂得當初想要了解的東西，心裡卻產生了更多問題、必須弄懂。好像是走不完的路，不會有結束的一天。

刀——是說你們兩個現在走的路都是不歸路嗎？

子——哈哈要這麼說也可以。

夏——可是每一個人的人生，都是一條不歸路啊。

子——不過我覺得假如今年是世界末日，我已經了無遺憾了。

夏——這也跳太快了吧！我會遺憾啊，我的書才剛出耶，都還沒上排行榜怎麼可以世界末日！

刀——哈哈哈。那小子希望四十歲的時候，自己可以做些什麼嗎？

子——想把一些搞不懂的東西想清楚。例如什麼才是真正的好。還有人都有缺點、作品也有缺點，要怎麼把一個作品作壞，因為它的缺點而變得特別。我現在丟出來的作品有一定水準之後，反而牽引出更多的問題。我想我的人生應該就是這樣吧，只會有更多的問題，不會有更少的問題。我希望到我四十歲，回顧過往的人生，覺得快樂跟值得就夠了。

刀——作為創作者或出版人，可不可以給正在起步的大學生或剛畢業的人一些意見——為什麼我講完這個問題，好像就變成《遠見》雜誌的訪談……

子——對啊之後應該接著說：不要計較薪水、要加班十二個小時才會變成郭台銘之類的。

夏——哈哈哈。我的話，就是認清楚自己的價值、強項跟弱點。唯有明白自己可以作到怎樣的程度，才有資格要別人怎麼對待自己。以及做任何事，都要將心將心吧。

子——用力活著。不要怕失敗，也不要覺得自己有多好。

夏——謝謝廖俊裕十多年的陪伴（來自2022年的陳夏民）。

TWO

讓一本書遍地開花吧！出版社和經銷商聊過去和未來

×

對談・出版人 陳夏民
知己圖書 羅基銘經理

夏——Dear 羅經理，你第一次看見我提出的年度計畫表，發現上面許多詩集時，你心裡面有什麼想法呢？

羅——看到檔案的時候，我很訝異怎麼會有人想要專門出版詩集，也很好奇你到底在想什麼。

夏——所以就約見面嗎？

羅——哈哈，對就立刻約碰面。面談的時候，我心裡覺得這個人還滿有勇氣的，但又有一個疑問：這個人了不了解市場？

夏——很擔心接到砲灰嗎？那又是什麼原因，讓你決定要和我合作，協助逗點發行書籍呢？

羅——後來聊了以後，我發現你有想法，很清楚詩集的市場性在哪，不曾像是其他人一樣，以為這樣的書可以印到兩三千本。你也知道這樣的書的銷售對象在哪裡。另一點，我認為你有很特殊的理念，這在我接觸過的大出版社可能沒辦法實現，既然可能只在你身上實現，我就想賭一把。像是你們最近做的「午夜巴黎計畫」—

就吸引很多同業的注意，紛紛打電話來詢問我這到底是怎麼執行的，以前可沒有人這樣做過呢！話說，當初我老闆也很質疑呀，問我會不會賺錢，我告訴他應該有機會，但是虧不到哪裡去。

夏——好感動！所以我是潛力股耶！你都要害我眼睛流汗了啊啊羅經理！

羅——這種出版方式的存在，有點像是你們出版社的簡介，我們都很想知道以後會出現什麼東西。我覺得這樣的東西碰到對的東西（時間、市場），應該就會有結果。畢竟一本出版品要起來，有時候不行只靠想法創意，還得搭到一些外在的東西，這些外在的東西很難有條理寫出來，很難定義。但是這兩年，我們除了看到商品的驚喜度，也發現逗點的書慢慢貼近了市場一點。如果能夠更有效率地讓創意貼近市場，應該就會開花結果。

夏——你先前說這是賭一把，你覺得賭對了嗎？

羅——哈哈哈，好啦，賭對了！先不提逗點是否讓公司賺到很多錢，或是賣了很多書，光是看到你們的書，我們、通路和讀者都很喜歡，就算是賭對了。用心終究是會被看到的。現在的問題是，市場很亂，大家很難預測下一本暢銷書在哪兒。這兩年，你該測試的都測試過了，你大概會知道怎麼調整比較好，如果明年你能推出對的書，應該就可以開花結果。畢竟出版社除了理念之外，也要顧飽肚子，請務必走入大眾市場。

夏——逗點目前的純文學色彩還是比較重，不過我的確很想走入大眾市場，就列為未來目標吧？對了，那你覺得逗點的書和其他文學出版社的書籍，有什麼不同之處？

羅——這問題太難了。逗點的書大部分是國內作者，又透過比較特殊的包裝去切合主題，和其他大型純文學出版社較四平八穩的操作手法不太一樣，書籍放在平台上會讓人家眼睛一亮。其實，就像每次你跟通路提報的時候，我在旁邊聽了都覺得很有梗，因為逗點不會只是單純把特殊設計套上一本書，而是從發想過程中就去思考一本書的設計，也不會設計太過頭害得內容與包裝脫鉤，我覺得這一點很好。

夏——最後，羅經理有什麼話想對逗點說呢？

羅——你要持續旺盛的熱情啊，然後最好推出一些更大眾的書籍。就像我之前曾經問過你，要不要出版一些閱讀門檻比較低的書，畢竟你推出的書籍實驗性比較高，讀的過程中很難馬上覺得暢快，對一般讀者會有挑戰。因此，雖然是好看的書，但必須耐著性子才能進入狀況，這一點比較吃虧。雖然說目前逗點的主要戰場是三大通路（博客來、誠品、金石堂），但其他通路也很重要，可不能忽略了。真正暢銷的書籍除了在三大通路，也會在其他通路達到遍地開花般的影響力。站在經銷商立場，我當然希望合作關係能夠長久，也不希望看到你的熱情還有金錢一下子就燒光了。所以啊，你還是要想辦法推出一些比較大眾的書籍，開出一條讓你的日子更舒服一點的路線，這樣你才能夠更從容地去實現你的理念。要顧飽肚子啊！

夏——好的！謝謝你！我會努力的！

第四章 IV 附錄

出版人最常面對的九個提問

Q 看到知名作家寫出不好看的作品，你們會說實話嗎？

A 不好看的作品有很多可能，其一是不合自己胃口，其二是違背自己期待，其三是真的爛。面對前兩種情況，我覺得讀者應該多多包容，不要把自己的喜好強加到作者身上，不然很容易變成史蒂芬金《戰慄遊戲》中的那一位綁架作者的「天字第一號書迷」。

若遇到第三種狀況呢？

我會先問自己：「為什麼這本書是劣作？」

對我而言，每一個作品都映照出了同一位作者在不同時期的思考面向，就單一作品來看，的確可能比其他著作弱一點，但不代表就是劣作。在我看來，應該等到下一本書或是下下一本書出現後，才來評估那一本劣作在這一位作家創作生命中扮演的角色。說不定那是全新創作路線的起頭，也說不定是亂入的改變契機，無論如何，這都是那位作者的一部分。

我曾在某座談會裡面，聽見有位讀者對某作者說道：「你之前那本書根本不應該出，太不嚴肅了，我還是喜歡×××那本。」只見那位作者看著她說：「無論是那本書或是前一本書，你看到的都是我。」

另外，也有很多前衛的作品很容易被列入「劣作」清單。目前的傳世經典之中，有多少是一推出就受到當代肯定？又有多少當時公認的名作能流傳到現在？

作品跟人一樣，很容易走到不被認同的道路上，儘管有時鬼打牆，有時就此迷失方向走不回去。你可以就此放棄，這是人之常情。但如果你是認真的作者，你就得往下走，用作品證明你自己不是劣作。

如果聽到編輯作品的負評，你會怎麼樣？

不瞞您說，我經常聽到負評啊，從詩集到小說到文學合集，大至作品高下、編輯過程、包裝方式，小至我們出書頻率、宣傳方式或是活動內容，全都有人批評過。

有人寫信過來哭訴說對逗點失去愛了，有人說逗點越來越商業化都不熱血了，也有人當著我的面激動地批評我們某一本書多爛多爛多爛……

當然，為自己的出版品辯護是一定的，但我也清楚無法說服每個人都喜歡我們的書，所以簡單解釋後便打住，專心聽他們的抱怨，然後在心裡想：「是呀，這個世界還是有人和我不一樣。」

偶爾我也為此感到痛苦，甚至覺得自己背負眾人的夢想為什麼還得落得如此吃力不討好的地步，直到後來才醒悟，這一切都是我自己的選擇，絕對不能拿別人的夢想來說嘴。好評、負評都是我的選擇造成的，沒有絕對的對或錯，我也不應該把自己的失意投射到他人或是大環境身上，好像會有負評都是別人虧欠我似的。

不過，老實說，我真是一個虛榮的人，聽見好評還有誇獎就會很開心，然後不經意一直對朋友重複、重複、重複背誦！不過我慢慢學習花更多時間去傾聽負評，如果當中有能讓逗點改進的建議，絕對要感激對方然後採用，至於有些本質上的差異或是別人並不需要理解的故事或根本是莫名其妙的批評、誤會，我就留給自己或是真正能夠守密的朋友，買一個雞排配一手啤酒，含淚吞下去。

作者私底下到底怎麼樣？他們都是好人嗎？身材好嗎？

我認識的作者之中，大多都是好人，而且很多人身材非常之好，令我非常羨慕。明明是一起吃雞排或是吃熱炒配啤酒的朋友，為什麼對方有六塊肌肉或是小腹結實完全沒有超過三十歲的人應該有的鬆垮感，而我的肚皮和臉皮卻日漸崩壞！

為什麼！

老實說，踏入出版業之前，我從來沒有想過自己會認識那麼多的作者，尤其是那些以往只能在書店看見的名字，如今都出現在手機通訊錄裡面，一想到就會像台灣記者最喜歡在新聞結語時說的「直呼（停頓 0.5 秒）太傻眼」。

不過，就算再怎麼喜歡某一個人的作品，還是得把作品與作者分開看比較好。

我覺得這是每一個讀者都得認清的事實，如果認不清，很容易會對作者產生奇怪的期待。尤其現在有了臉書，很多讀者與作者的距離瞬間拉近了，我也聽聞越來越多的苦水，多半是讀者幻滅的投訴，但作者也很尷尬啊畢竟不是加了臉書就變成真正的朋友，他們更沒有必要為別人的幻想負責啊。

無論如何，過高的期待總會帶來失望，留給別人一些空間，自己也舒服一點。（這樣的結語好像政令宣導。掰。）

Q 真正的編輯台長什麼樣？一個編輯一次又要編幾本書呢？

A 很多作者或讀者都聽過「本書已上編輯台」，但是什麼是「編輯台」呢？在電腦製版之前，許多美編和編輯都必須在一張大桌子上準備版面，一旦準備好就要送製版廠進行照相製版。然而，現在的稿件、版面都是由電腦處理，編輯台已不復見，只留下抽象的意思：某書上了編輯台，便表示進入編輯程序，終於從檔案庫解凍啦！

至於一個編輯手上可能同時有好幾本書，畢竟出版時間不等人，很多書籍一定要及早準備才不會到時手忙腳亂容易出錯。我聽過最高紀錄是一次八本（但我相信一定有更高的），但其中會再發包出去讓外編進行，而編輯則擔任監督的角色。

Q 為什麼會出某一本書？審書的考量又是什麼呢？

A 我是一個任性的人，閱讀的口味也很自我，不太按照牌理出牌，這也反映在我的出版觀。經常收到作者的投稿，有些作品也真的很好，不過一本書裡面如果完全沒有任何一個地方讓我產生強烈的「感覺」，我就沒辦法將之列入考慮清單裡面。的確也收過技巧很強、話題性也夠的投稿，但畢竟我看了沒有強烈的感覺或是鬼點子，如果搶著出版，我一定也想不出好的宣傳企劃，豈不就白白浪費了別人的稿件？

就算是有感覺的書，確定出版之前也得思考現實的狀況：「這一本書能夠賣幾本？」如果逗點是一直賺人錢的出版社，那麼每一本當然都可以出，然而現實並非如此，我們的成本有限，更不能浪費可用的子彈。如果沒有把握能夠獲利，便會建議對方申請補助看看，以前我們也曾和喜歡的作品作者透過自費出版的方式合作，不過目前也沒有了。

「為什麼不做自費出版呢？這不是比較有保障嗎？」你或許會問。

「因為我們對書的態度不適合。」

如果逗點只是把書做出來就不管的出版社，自費出版當然多多歡迎，畢竟只要不牽涉到販售和行銷，這是很棒的生意。然而，逗點挑的每一本書，無論自費與否，都是我（們）喜歡的書，當然希望能夠讓更多人知道這一本書的存在！於是，為了讓書多些曝光，我們總要花上很多心思、成本去行銷、宣傳，其中產生的消耗已經讓我吃不消了。

再者，那天聽聞某位同業說：「我再也不要接自費出版了。」

「為什麼？」我問。

「有個作者跑來辦公室罵我，說我沒有好好推書，拜託，都幾年的事情了，當初也推得好好的，如今竟然對著我喊：『好歹我也有付錢！』」

「是哪一本？」

「就《才不告訴你是哪一本咧ㄎㄎ》啊！」

天啊！是那一本！我早知道同業先前投入那本書的苦心，如今聽到那一句話，忍不住全身寒毛豎起。雖然對獨立出版而言，自己心儀作品的作者透過自費出版的方式合作是很理想的狀態，我的作者們人都很好，但我不希望同樣的事情發生在我身上，所以就決定不再接受自費出版了。其實，從 2012 年下半年開始，逗點也暫時不接受投稿了。一方面是一個人忙不來，原來談定的稿件還要處理好久，另一方面則是希望轉到企劃編輯的方向，希望推出更多類似《聖誕老人的禮物》、《最後一本書》等有趣也更貼近時代的作品。這一直是逗點想走的路線，因為不僅得發揮創意，面對市場挑戰也更沒有推托之詞，對一人出版社而言是很大的挑戰。

話說，我最理想的出版頻率是一年六本書，最終理想則是一年四本（不知道何時能夠實現），一旦出書量減少，就得把「以書養書」的問題納入考慮，絕對要避免負收入的狀況。為了達到這樣的出書目標，有很多原本排定有興趣、甚至已經找了翻譯者翻譯的書稿，也得一一放棄。唉，錢再賺就有，身體比較要緊，祝福那些被忍痛割愛的孩子們（包括我自己的散文集和愛到入骨的外國某經典詩集）能夠順利到別家發展，就此幸福快樂一輩子吧！

Q 到底為什麼要有書腰？書腰上寫的那堆好話是真的嗎？

A 前半段就看前面那篇文章吧，至於第二個問題，我只能說這就是一本書對讀者所施展的「相信我之術」。不過不是每個書都是《火影忍者》裡面的漩渦鳴人，不可能連九尾妖狐都能收服得了，只能夠撞擊到磁場接近的人。

到目前為止，因為是獨立出版社的關係，見書如見人，我始終相信書腰文案也必須反映我／出版者的情緒，如果我自己不相信，我是不會放上去的。

所以啊，只要從逗點以往的書腰文案（可能是內文摘錄或是自己寫的）去觀察，就能發現我本人或是逗點人二號對於世界的想法，例如對於愛情我相信「光年之外，有人在等你」；對於人生我認為「對不起，對不起，對不起。短短三個字不能再說，卻幾乎就是我成人以後全部的隱喻」；對於出版路上的孤獨寂寞，我只能祈求「請為我讀詩，我需要你，真實的聲音」；對於詩人翰翰我則認為：「我敗德／我自毀／我乾淨／我色情／我哭泣／我得體／我，我是翰翰。」oops。

其實，相信書腰文案就買帳，不相信或把那些句子扔進腦袋裡的資源回收桶，沒有必要全然否定或接受，但不妨當作參考。畢竟，寫出你所不信任的文案的人，對於那一本書抱持著那樣的感情。你可以說他愛錯，但這種事情沒有誰是誰非，也因為每個人都有不一樣的想法，你不覺得這個世界很有趣嗎？

Q 你自己最喜歡的書是什麼呢？你心目中有最想出版的夢幻書籍嗎？

A 該怎麼說呢？我最喜歡的其實是漫畫。嗯，《銀魂》真的很好看啊！請聽我娓娓道來。不行，我的詞彙太貧乏了，我真的不知道要如何介紹一本「沒那麼熱血，最後卻會讓你留下男兒淚」、「每個角色都沒有必殺技可是幹架的時候超帥氣」、「滿是低級笑料但結構縝密充滿後設精神根本可以拿林榮三文學獎小說獎」的漫畫啊！如果你看了不喜歡，我只能說：「我們都沒錯，只是不適合。」

至於夢幻書籍，除了因為 2012 年忽然出現好幾個版本而忍痛暫停的《惡之華》之外（沒錯，我已經找譯者翻譯一部分了，不料！），就屬《基督山恩仇記》和《亞瑟王傳奇》吧！這兩本大部頭小說／傳說太精采了，每次有新版本都會想忍不住再看一次，儘管不久就會因為人物太多劇情太複雜把人物情節都忘光光，不過心裡面還是想再看一次。這大概就是好故事的魅力了！希望這一輩子能夠有機會改寫或是出版這兩套書。

熬夜時編輯都吃什麼零食？

Q

A

我不清楚別人的狀況，但我熬夜的時候都是吃雞排（小辣不要切）配維大力或是可樂（因為工廠都在桃園，而且可樂絕對不喝zero，要就喝原味的才讚）。如果雞排店沒有開，那我就會請我媽媽幫我煮水餃，而且會沾很多很多醬油來吃，不然會無法抵抗睡魔的呼喚。「這樣太重口味、鈉含量一次爆表了？」對，我知道這樣不好，也知道時間就是那麼少，唉，無奈。

從事出版業有什麼職業病？

我不像海明威一樣每天站著打字，所以和其他久坐的人士一樣，我患有下盤肥胖的症狀。由於擔心銷售量，睡眠也出了問題，不是淺眠就是失眠，以至於最近白髮冒個不停，連帶黑眼圈也變成我的特徵了。最近，就連鼻毛都變白，平日喜愛研究中醫的朋友認真看著我說：「鼻毛變白是腎不好，你要注意。」

我的老天，我的身體整組壞了了啦！

不過和其他同業動輒便祕、痔瘡、眼角膜破洞、青光眼相比，我忽然也覺得還好，似乎沒那麼嚴重。但是，過了三十歲之後，我忽然感覺到眼前有一道隱形的障壁，偷偷地阻擋著我前進，每次想要達成什麼目標，不一會兒就會氣喘吁吁，就連爬樓梯偶爾都會變成負擔。

雖然偶爾還是會跑步，不過精神壓力難以紓解的狀況之下，總覺得不太妙。最近，看著身邊很多朋友飽受疾病摧殘，深深覺得人生最重要的就是健康，事業就算再重要也得排在後面。所以，才決定要縮減出版量，希望可以多爭取一些私人的時間，而不會每天都只有工作、工作、工作。

不過，除了上面這種職業病，另一種職業病讓我更痛苦。

我是一個喜歡逛書店的人，以前去書店，總是隨便亂晃，悠哉地拿起一本書研究個半天，然後在好幾本書之中猶豫不決，在折扣、包裝、內容、文案等天使惡魔夾擊之中，選定一本書帶回家。

如今，我還是喜歡逛書店，但每次進書店總是花很多時間在新書平台區上，把一本書拿起來，用手指頭研究紙張觸感還有印刷工法，思考眼前這本書的設計有沒有達到效果。如果覺得設計有趣，就繼續研究封面構圖、書腰正面文案、封底文案、書腰背面文案、前折口作者簡介的照片、前折口下方的封面設計師聯繫方式、書本版型等，看看整體有沒有到位，有沒有東西可以學。

「然後呢？」

「沒有啦。」

對，連內文也不一定會看，反而關注其他形式上的問題。

當然，我還是喜歡買書、讀書的，但這時候購買的書籍，多半與工作領域相關，其中也有自己想讀的、有興趣的書，但其中八成買回來就堆著，也不知道什麼時候才會讀。

逛書店的心態似乎變得更實際了，儘管還是有很多樂趣，但總覺得回不去了。

曾經有編輯朋友告訴我：「最近看到有字的紙就會煩，我大概失去熱情了。」

我忽然想到大學修心理學時，有一樣協助戒菸或是戒除癮頭的方法叫做「洪水法」，在這個療法之中，想要戒菸者會一口氣吸超過平日吸煙量數倍的香菸，想要戒掉吃蛋糕習慣者會一口氣吃好多好多的蛋糕，就像是雞排太好吃所以每天吃雞排遲早會膩一樣的道理。在這過程之中，原本的癮頭或是吸引人的部分會慢慢變成令人無法忍受的東西，自然而然也就不想碰了。

我猜，擔任編輯者下班之後靜不下心讀書的原因，或許也和每天閱讀太多文字有關。不過讀書不能勉強，某一段時間覺得字讓自己反胃，那就少碰一點，趁機關注其他事情，或許也會為將來的編輯工作找到新的元素。像是跑去印刷廠和師父討論印刷，之後也能運用在書籍上，又多了很多書本上面沒有的知識！就算只是放鬆心神好好散步，說不定也會看見難得的風景，之後也能出書呢。

不讀書的時候，就隨機閱讀其他物事，甚好！但轉了幾次彎之後，還是要記得讀書，不然很容易錯過大眾的需求，或是當下流行的議題，這對編輯來說是很危險的事。

來下結論吧，不然這些病症怎麼說都說不完。如果你恰巧知道能夠把白鼻毛變黑的祕方，請務必介紹給我。謝謝！

第一次（獨立）出版就上手——相信我，你可以的！

不好看帶著緊張的情緒把書稿寄給出版社，

卻始終沒有收到回應嗎？

要不要自己來？獨立出版很簡單的！

根據這本書的命名以及包裝方式，我猜測讀

者群中有96.745587774%的比例想要出版自己的書，畢竟大家或多或少都懷抱著作家夢想吧！如果你想出版一本屬於自己的紙本書（畢竟用紙張觸碰比較有感覺咩），並且用這一本書來表達自己對於世界的態度，或許可以參照下列的步驟！

一、編輯：在這個即將邁入電子書的時代，其實規劃部落格主題然後依據寫作，就是最好的出書練習了。如果確認了內文稿件，便可以編輯一整本書的層次，也就是把書籍的章節分配好。這個步驟可參考你心目中最愛書籍的目錄來執行。如果完成之後，覺得有點緊張，不妨在 word 上模擬一本假書，列印出來問身邊朋友的意見。

二、書介：在編輯的過程中，就要釐清書籍的特色，透過文案把這本書的優點放大。書介的格式可以參考網路書店的商品頁介紹。去看看與你相同類型的書籍擁有什麼樣的書介，然後好好參考研究一下。然後把要放上封面、前後折口、書腰上的文案都寫清楚。當然，這時候也要向國家書號中心申請 isbn 和 cip。

三、推薦：如果你不想書裡面有其他人的名字，直接跳過無妨。如果想要有推薦序或是推薦短語，就去接觸自己喜歡的作家，寫信過去問吧。有就是賺到，沒有也沒有辦法。確認後，也要把這部分加在書介和文案上。

四、入版：你可以自己摸索 indesign 這個軟體，或是把整本書的裝幀都發包給設計師處理。假如是由設計師處理，你就得和對方議價，這部分就由對方決定，假如沒辦法接受對方的開價，或許可以央求身旁會玩 indesign 的朋友來跨刀。請別忘記內文頁數必須是 32 的倍數（如果你的書是三十二開到二十五開尺寸）。

五、找紙：這步驟格外重要，進行印刷之前，得先確認你要使用哪一些紙張，通常內文使用80磅的道林紙（米色或白色）就夠，封面紙張就思考一下要用什麼紙，如果很想要用美術紙，就用吧。如何尋找適用的紙呢？請參考設計用書，OKAPI的「好設計」單元，然後透過Google找到喜歡的紙張和紙廠資訊。

六、印刷：確認紙張後，上網或是用中華電信黃頁搜尋印刷廠，然後鎖定兩家以上的印刷廠，把你目前規劃的印刷本數，書籍內文的用紙、頁數、幾色印刷、裝訂方式，以及封面的紙張、幾色印刷、尺寸等提供給對方，並且告知對方：「紙張幫我算量，我要自己叫。」之後你會收到估價單，這時你就好好研究一下哪一家有利。紙張怎麼叫呢？就上網 Google 紙廠，告知對方你要哪些紙以及數量，請對方估價。

七、定價：確認了所有成本（設計費用、印刷費用、紙張費用、你的動腦費），就要開始算定價。由於你是一名辛苦的自費出版創作者，價格就高一些無妨，但不要高到讓人無法出發，這樣也會造成反效果。你可以參考類似書籍的定價，別忘了，如果要上通路，你通常會把書籍以四到五折左右的數字交給經銷商，所以定價的一半絕對要超過成本，不然賣一本賠一本，你會很想哭。

八、預購：老實說，使用最便宜的條件來印製一千本書，至少也會超過三萬元，加上你的設計費用，四萬元一定跑不掉。該怎麼辦呢？請親友團預購。無論如何都要讓這本書在上市之前就賣出五十本，至少要賺到印刷費用的差額。不要覺得不好意思，畢竟這是你的作品，如果你不勇敢去推廣，沒有人會知道你要出書。就當作為了自己的孩子而拚命吧！

九、找經銷商：沒有經銷商，你無法上主要通路（博客來、誠品、金石堂等連鎖書店）。所以就上書店，去找相同類型的書籍，翻開版權頁，然後把上面的經銷商號碼記起來，一個一個打電話去談。別忘了提供你的書介，讓對方參考。老實說，就算沒有經銷商也無妨，畢竟如果你自己有辦法銷售，就自己來。儘管沒辦法上主要通路，還是可以尋找獨立書店寄售。畢竟獨立書籍還是要跟著作者賣比較賣得動，沒有出版社行銷資源，上通路很危險。

十、送印：確認是否上通路，也確認定價之後，製作好商品條碼放在書封面上，就送印吧。從 indesign 轉出 PDF 檔案，上傳到印刷廠合作的製版廠 ftp 就好。尺寸不確定而怕怕的？可以和印刷廠的人員聊一下，請求他們協助。別忘了請紙張廠商在印刷廠指定日期送紙過去。然後送貨地址也要給對方，建議就請印刷廠直接把經銷商需要的數量送進經銷商倉庫，自己留下其他數量（也得確認有地方放）。別忘了請印刷廠把用剩未裝訂的封面寄給你，因為封面類似小海報，可以找地方貼。或是剪裁過後變成酷卡發送。

十一、銷售：沒有別的，就是想辦法賣。然後各地有擺攤的訊息，就直接報名去擺攤吧！書是一本一本賣的。打電話詢問書店或是藝文空間能否辦活動，想辦法曝光。當然，也可以寄公關書給各大媒體，希望他們收到後可以報導。

老實說，製作一本書的成本隨隨便便就會超過十萬元。如果可以嚴守上面的步驟，至少把錢只花在設計和印刷上，就有可能在六萬左右解決，無論如何，都很辛苦。不過自己出版的好處，除了銷售金額都是自己的，還會比較瞭解書籍製作的每一個流程，你不只會變強，更有可能變成像是夏宇這樣設計、印刷、銷售都自己來的神級作者。

出書很簡單，不過，出書之前絕對要問自己一個問題：「為什麼我們需要這本書？」如果連自己都說服不了，那就不要出了吧，不要隨便砍樹以免像我一樣終日肩膀酸痛（想必上頭棲息了眾多樹靈啊啊啊啊）。

第一次出版就上手，很有可能達成喔！加油！

謝辭

因為你在，書才在

從word檔案到一本書的出版旅程，大概就是書中描述的樣子。每一個出版人對於自家的書都有自信，但最關鍵的元素卻是讀者，若是沒有人願意閱讀，那麼一本書便無法完成使命，只能寂寞等待著伯樂上門，漸漸衰老。感謝你打開了這一本書，希望逗點的故事能帶給你一些感動或啟發，謝謝。

另外，誠心感謝明日工作室，也感謝每一位陪伴逗點長大的朋友與讀者們，May the force be with you。

新版後記

書沒有錯，如果很痛苦，是我的問題

獨立出版這條路，雖然走得跌跌撞撞，但我終究走了十二年。

我還記得第一次以逗點身分參加國際書展，結束那天，我和當時的逗點人二號一起搭客運回桃園，屁股小碰到座位我就失去知覺，頭靠著窗睡到差點忘記下車，然後病了好幾天。那時我不是第一次參展，畢竟之前在書林上班，我也參與過兩次，除了腳痠之外身體沒有特別的感受。沒想到自己實際參與策展規劃與顧展，幾天下來竟然可以累到靈魂快要出竅，而且喉嚨變得好腫好沙（跟砂紙一樣殺），我這輩子沒想過我可以講這麼多話啊啊啊。

雖然身體疲累，但靈魂是盈滿的，畢竟能夠拿出逗點的名片與其他出版人交流，甚至接受媒體採訪，對一個剛創業的菜鳥而言，實在是非常新鮮且振奮的體驗。第二次、第三次之後，我不再疲累了，總是信心滿滿地穿著繡有逗點 logo（感謝陳媽媽的手工）的工作圍裙，把書展當作是主場，走路有風，帥氣地整理書籍，連發名片都覺得自己超帥（然後手忙腳亂站收銀機，速度太慢，導致結帳隊伍排太長害我差點被客訴到爆炸）！

後來，逗點與其他獨立出版夥伴們沒有缺席每一年的書展，甚至成立了「獨立出版聯盟」繼續衝刺，希望可以在台灣書業的最高殿堂，也就是台北國際書展，向所有參與者傳遞我們對獨立出版的熱情與信念。

每一天，每一夜，我總是認真工作，期待把書推上台北國際書展的舞台，想方設法推廣逗點的出版品。這個念頭意外地支撐我好久好久，當時的我，根本不知道後來的自己會帶著書參與各國的書展，與全世界出版人交流。

身為工作狂，我無時無刻不樂在其中，但每一天張開眼睛，就要像李小龍一樣奮力飛踢幾十次、幾百次，躺在床上也還在踢（是要踢多久啦）。而這個圈子那麼小，在意外踢到一些人或是閃不過某些障礙而撞得頭破血流之後，原本不以為意的小擦傷竟也變成了蠢蠢欲動的病灶……我的力道頓了，心生遲疑。

那念頭雖然很淡，淡到沒有外人能察覺，我依舊乖乖上工，滿懷熱情做書。不過，一旦自己都嗅到那股疲憊，堅定的內裡就會巴不得鬆懈下來，暗自企盼一切可以瓦解。等到我意識過來，精神上已經歷過幾次難以想像的職災，就連身體也映照出我對於這項志業的不平：有一天右手忽然抬不起來，連一般的旋轉動作都做不到，睡覺也會痛醒……

然後，疫情來了，世界忽然慢下來。

台北國際書展停辦了，書業活動多半取消改成線上，而我與朋友們一起開的「讀字書店」也受到影響而不得不停止營業。我還記得每天查看新聞，明明清楚沒有關於疫情的新消息了，但就是停不下來，想要一直滑手機，滑到有人告訴我終結疫情之法出現了。但沒有。事實就是，疫情這一兩年不可能會結束，人類社會只能適應。

時間久了，我沈澱思緒，把目光拉回身上，凝視這些年來因為工作、人情世故而磨損的身心。這一次，沒有工作當藉口，我乖乖聆聽心聲，這才明白，我其實太在意外界的肯定，就算始終練習著「不要急著回應這個世界」，但內心深處就像是《新世紀福音戰士》裡的明日香，拿著美術課作品想要展現給精神失常的媽媽看，「看我，媽媽，看我。」

外在肯定是絕對的嗎？逗點所出版的每一本書，難道只是為了印證「雖然才一個人，但我有能力做出不輸給大出版社的書喔」這樣的念頭嗎？如果只是懷抱著這樣的心情，書本會不會太可憐了一點？如果我真的那麼厲害，為什麼不是每一本書都大賣或是得大獎？為什麼我總是對書有愧？如果選了另一種內文紙會不會比較好翻、如果不要選這款封面會不會賣得比較好、如果當初強硬一點請作者拿掉某幾篇會不會就得獎了、如果當時就直接撕破臉會不會省下後續那麼多麻煩，如果如果，為什麼為什麼，這些問題永遠纏繞不休。

幾年前的某個夏天，我蹲坐在地上整理庫存，眼前各式書籍散落一地，而工作室的各個角落則堆滿了紙箱，我全身汗溼覺得快要中暑了。好累，好煩，我無意識地把一本書稍微用力地抛在箱中，儘管只是比正常力道更重一些，一聽到書本碰撞紙箱的聲音，我立刻領悟雖然對逗點出版的書懷抱著歉意，但如此濃烈的感情背後藏著更深的恨。

我恨書毀了我。我恨書阻礙我去過更好的生活。

一本書真有辦法毀了一個人？

怎麼可能！書就是書，有自己的命沒錯，但沒有什麼好壞勝負。每一本逗點的出版品，雖然是作者、我這個工作狂、設計師、外編、校對、經銷商等共同合作而完成的，但它們從來不應該，也不需要變成印證參與者自身能力的獎盃，更不應該變成讓作者或參與者回頭思考時覺得疼痛或傷痛的印記。（對不起，可是滿山庫存真的讓人很想死。哭啊。）

每一本書都是一面鏡子，暗自映照著參與者當時的狀態，好的、壞的、疲憊的如果讓人不舒服，不會是書的問題，是人。當初，我不就是因為熱愛書本才會開出版社嗎？明明是喜歡的工作，做久了卻好憂鬱好想死，我怎麼能夠把責任推給書、推給出版呢？好事都說是自己造就，衰事就怪別人怪市場，這樣根本是渣男行徑吧。

世界暫停的這段時間，我決定不再逃避了。真的是按表操課，把幾年前就意識到該做卻始終逃避的工作一一完成，也乖乖去看醫生作復健，希望讓身心逐漸恢復到健康的狀態。此間，我照常工作，但逼著自己追劇、打電動，把一些時間分配給本來喜歡，但創業這些年來不得不放棄的嗜好。這是我第一次發現，用正常倍速追劇竟然會感受到淡淡的幸福。從容。這就是從容。

我好久不曾享受當下了。

花了 quality time 在身上，才能確認這些年來我一直處在過勞狀態。雖然休養之後，編輯魂慢慢恢復了，但找不得不承認，這十多年來腦袋始終以超高速運轉，我在求學期間所預備好的，甚至在工作期間也不忘補充的電池已經徹底乾涸了（意象好老，不過，是真的！）。我心頭一驚，也只能老實面對自己。如果還想從事這份志業，我必須有所取捨，得放下某些出版路線了。或許我也該重拾翻譯工作，好好充實，準備步入中年階段的出版之路。

為此，我開始練習拒絕，不接受任何投稿，試圖抵抗每一種新挑戰的誘惑，作自已習慣的、已經上手的，不再為了創新而過度工作，而是把每一項工作的既定流程思考清楚，希望能持之以恆，而不像是煙火，燒完就沒有了。或許是腦袋稍微休息，也比較少與人接觸，身心狀態好轉之際，在收到籌備台北國際書展獨立出版聯盟展區的訊息時，內心竟然，啊嘶，興起了一股久別重逢的興奮！

不料，書展又停辦了。（臉色一沉）

但我們還是克服困難，在文化部的支持下舉辦「讀字公民書展[1]」，雖然工作內容熟悉無比，但心境不同，感受便不同，我甚至找回了早已失去的超能力：不動聲色站在一旁觀察民眾翻閱逗點書籍時的表情（根本偷窺狂啊我）。

如今的我可是重獲信念的男人了，一心想要在書展與夥伴們一起打拚。不久之前，我聽到書展宣布照常舉辦的消息，雖然出版業內意見分歧，甚至有尖銳的批判，但我當下好快樂，就像是運動員準備了許久，終於有機會可以在國際舞台證明自己一樣。沒錯，對我而言，台北國際書展就是台灣出版業的奧林匹克競賽啊啊啊！等了兩年，雖然還辦了「讀字公民書展」，但是站在世貿一館裡所呼吸到的空氣就是不一樣啊啊啊！

這一次參展，雖然我能量滿滿很想大鬧一場，但我效法心目中的「大師」──人出版社的劉霽，以平常心面對，不卑不亢不急躁，好好完成分配到的工作，不管結果，只要求達到當下最好的狀態、可以享受過程就好。或許是心情很好，儘管有時間壓力，甚至還是疫情期間，但我們終究把「讀字便利店」呈現在大家眼前，還獲得了台北國際書展的大型展位設計金獎。

「疫情仍在，但書展能夠照常舉辦，實在是太好了。」書展期間，我和夥伴忙著應付現場狀況，仍不忘偷窺著逗點的展位。看著那麼多讀者停留其中，安靜閱讀或笑著與朋友討論書本或是攤位的設計（雖然還是很多人翻了翻之後把書放下），我的心情有點複雜。我從沒想過，疫情期間最敏感的實體接觸竟然激發出無法言說的愛情，「好幸福，能夠做出版，不，能夠任性做出版的我，真的好幸福。」

那樣的幸福感持續至今，直到書展早已結束將近一個月的現在，我仍然每天愉悅地打開電腦，辛勤上班。也多虧這樣的幸福，今天物理治療師幫我拉筋時，發現我手臂的旋轉角度增加了不少。雖然還帶著傷，有時仍然狼狽，但我相信方向無誤，我正慢慢地走回命定的這一條路。

出版，是我選擇的志業，就算必須再飛蹋十年、二十年，我也準備好了。

▲註 1：由獨立出版聯盟、台灣獨立書店文化協會、讀力公民行動共同舉辦，目前已於 2021 年 4 月、2022 年 2 月在台北松山文創園區舉辦。

出　　版　逗點文創結社
地　　址　330 桃園市中央街 11 巷 4-1 號
信　　箱　commabooks@gmail.com
電　　話　03-335-9366

總 經 銷　知己圖書股份有限公司
台北公司　台北市 106 大安區辛亥路一段 30 號 9 樓
電　　話　02-2367-2044
傳　　真　02-2363-5741
台中公司　台中市 407 工業區 30 路 1 號
電　　話　04-2359-5819
傳　　真　04-2359-5493

製　　版　軒承彩色印刷製版有限公司
印　　刷　通南彩色印刷有限公司
裝　　訂　智盛裝訂股份有限公司

I S B N　978-626-95486-0-6
初版 1 刷　2012 年 11 月
二版 1 刷　2022 年 9 月
定　　價　380 元

國家圖書館出版品預行編目（CIP）資料｜飛踢，醜哭，白鼻毛／陳夏民 作 .
二版 . 桃園市：逗點文創結社 2022.08　460 面；10.5×14.5 公分（示見；24）
ISBN 978-626-95486-0-6（平裝）　1. 出版業　2. 文集　487.707　110019937

示見24

飛踢，醜哭，白鼻毛：第一次開出版社就大賣 騙你的

作　　者　陳夏民
總 編 輯　陳夏民
執行編輯　郭正偉、陳夏民
書籍設計　烏石設計
版型設計　達瑞
照片提供　王志元（作者肖像、書籍攝影）
達瑞（小子肖像、情境攝影）、羅基銘、玩具刀
內封繪圖　目前勉強
內封字跡　陳游麗雪
電子書製作　劉維人

感謝初版工作團隊促成一段美好旅程 ——

編輯組（明日工作室股份有限公司，劉叔慧、吳令葳、楊曉惠、鄭建宗、小子）、行政組（明日工作室股份有限公司，溫世仁、溫世禮、劉湘民、王珉嵐、蕭秀屏）、經銷商（貿騰發賣股份有限公司）、印刷協力（樺禾豐文化事業有限公司）、照片協力（陳夏民、曾谷涵、王金喵、黃柏軒、夏先生、小子等）、通路／樂團推薦（博客來 OKAPI 編輯郭上嘉、有河 book、永樂座、小小書房、胡思二手書店、讀冊生活、Cicada、拍謝少年、那我懂你意思了）、名人推薦（朱亞君、鯨向海、滕關節、王盛弘、高翊峰、孫梓評、李桐豪、王聰威、湖南蟲、南美瑜），與所有協助推廣本書的媒體及讀者。

「人的一生，就是在愛恨中痛苦掙扎，沒有人可以遁逃，只能努力忍耐。」

讀更多太宰治著作！

《御伽草紙》　《越級申訴》

#夜讀太宰治

太宰治 ╳ 逗點網站

歡迎登入www.commabooks.com.tw 閱讀專區
瀏覽更多太宰治作品、生平故事及有聲書資訊。

逗點學校
學習，沒有句點
#Podcast
專家、學者、創作者一字排開
陪你透過耳朵延伸閱讀！
校長 陳夏民
教務主任 廖靖